学会·信任

信任让两颗心
靠得更近

苏隶东

编著

SULIDONG WORKS

江苏人民出版社

图书在版编目（CIP）数据

学会信任 / 苏隶东编著. -- 南京：江苏人民出版社，
2016.2
ISBN 978-7-214-17328-7

Ⅰ. ①学… Ⅱ. ①苏… Ⅲ. ①散文集－中国－
当代 Ⅳ. ① I267

中国版本图书馆 CIP 数据核字（2016）第 040875 号

书　　　　名	学会信任
著　　　　者	苏隶东
责 任 编 辑	朱　超
装 帧 设 计	浪殿飞扬设计
版 式 设 计	张文艺
出 版 发 行	凤凰出版传媒股份有限公司
	江苏人民出版社
出版社地址	南京市湖南路1号A楼，邮编：210009
出版社网址	http://www.jspph.com
	http://jsrmcbs.tmall.com
经　　　　销	凤凰出版传媒股份有限公司
印　　　　刷	北京中印联印务有限公司
开　　　　本	718 毫米 ×1000 毫米 1/16
印　　　　张	14
字　　　　数	179 千字
版　　　　次	2016 年 7 月第 1 版　2016 年 7 月第 1 次印刷
标 准 书 号	ISBN 978-7-214-17328-7
定　　　　价	28.00元

代序

成功的秘诀

文 / 潘石屹

在许多场合，经常被一些记者和大学生问到一个相同的问题："你成功的秘诀是什么？"是的，有些事为什么会成功？有些事为什么会失败？这其中一定有原因，如果就事论事，而不是对人而言，回答这个问题可能会比较容易。

1. 信任。要信任对方，相信和你合作的伙伴。因为在今天的社会中，任何一个单个的人都无法做成事情，都需要大家的帮助、合作，团结在一起，而信任是前提，没有了信任，就不可能有真正的团结和良好的合作。但是，阅历和经验越多，他们越会时时刻刻提醒自己，不要吃亏上当。而往往这些人看到别人上当吃亏的案例会更多，加上自己亲身的经历，就很容易变得不相信别人，这实际上是做事情中最可怕的一点。如果陷入这样一个恶性循环，看不到信任的力量，只看到吃亏上当的事件，你就会失去信任和团结带给你的力量。你防范别人，别人也会防范你，这样就会把精力和聪明才智都用在相互猜疑上去。因此，如果想要在当今社会做成事情，就一定要相信别人，这将会给你带来威力无比的力量。相信别人，包括相信欺骗过你的人，你的胸怀应该是敞开的，耳朵应该是倾听的，这样才能够一步步地走向成功。

我曾给孩子们讲过法国作家雨果写的《悲惨世界》中的故事，他们都很喜欢听，有些细节我记不清了，为了给孩子们讲全故事，我又重新看了一遍《悲惨世界》。小说的开头讲的是，从土伦监狱释放出来的冉阿让住进了主教家，晚上偷走了主教家的银餐具后被当地警察抓住，并带回到主教家来。主教说："你为什么不跟他们说这是我送给你的？还有我送给你的蜡烛台你忘记带走了。"这段话再次触动了我，正是这充分的毫无保留的信任和爱，让一个罪犯一步步转化成对社会有用、有爱的人。

2. 简单。做事力求简单，繁杂会让我们陷入不能自拔的境地。繁杂一方面来自我们旧的习惯、旧的规则、旧的礼仪，也有一些来自我们对知识、技能的卖弄。把简单的事情复杂化是很容易的，多余的装饰、多余的构建、多余的想法、多余的语言都会把一件简单的事情复杂化。但从历史的角度来看，一个民族向上的时候，它总是以简单和大气为主要的风格；凡是这个民族衰败之时，从建筑、家居、服装、装饰到语言都表现出来的是繁杂和多余。能把简单作为自己的世界观，作为自己做事情的指导思想，这是走向成功的一个要素，你会在简单的过程中获得成功的力量。

3. 透明。当你要隐藏一个秘密时，需要一股比制造这个秘密更大的力量把它盖住。但坏事迟早会暴露，纸永远包不住火。成功的反面是失败，也是不安全，安全最大的保证是透明和遵纪守法。

我曾接触到一位房地产发展商，他到某一个城市去投资开发，只有认识了当地的领导，能和当地的领导吃顿饭，他心里才会觉得踏实、安全，否则，心总是悬着，要不就是不敢轻易投资，要不投了资也不放心。他把安全维系在这种与领导的关系上。殊不知，最大的安全是在阳光下，而不是在黑暗中。如果放弃了在阳光下做事的机会，放弃了阳光和透明带给你的力量，你就不可能有足够的力量去做事情，并把事情做成功。即使你取得一些小的成功，也是暂时的，因为最大的成功是在安全前提下的成功，失去了安全，所有的成就都谈不上是真正的成功。

CONTENTS
目录

信任无价

世界上没有比信任更好的礼物 / 002

信任让两颗心靠得更紧 / 004

信任是一种有生命的感觉 / 006

信任无法用金钱买卖 / 008

信任需要日积月累 / 010

为了信任而变得坚强勇敢 / 012

万物有价，信任无价 / 014

股如人生，信任为本 / 018

多些信任，多些美好 / 020

信任是爱的基本元素

爱的最好表达是信任 / 024

爱就要信任，爱就要宽容 / 026

爱需要的是信任 / 028

信任是家庭和谐的秘诀

沟通与信任的故事 / 032

婚姻家庭最害怕猜忌 / 035

听来的故事 / 037

和妻子的信任 / 040

亲爱的，你会抱住我吗 / 042

信任是一种爱 / 044

信任是维系夫妻关系的基础 / 046

再多一点理解和信任不好吗 / 048

爱她，就信任她 / 050

宝宝，我爱你 / 053

信任是最基本的处世之道

彼此信任 / 058

人之相知，贵在知心 / 060

信任是一种体制 / 062

信任可以营造融洽氛围 / 067

相互信任是最美丽的心境 / 069

信任的魅力 / 071

信任是最基本的处世之道 / 073

信任与付出 / 075

与信任拉近距离 / 076

信任足以改变一个人的一生

每个人都渴望被信任被尊重 / 080

假如张爱玲学会"信任" / 083

信任，能打开紧闭的心门 / 086

信任的力量唤醒了迷失的心 / 089

信任可以唤回一个人的良知 / 091

信任的力量足以改变一个人的一生 / 092

信任成就全新的局面 / 094

信任使人成功 / 096

多一份信任，少一份冷漠 / 098

你的信任让我感动一生 / 100

信任和被信任 / 102

信任是理解和默契的升华

懂得信任，士为知己者死 / 106

树上只有一个果子，叫信任 / 108

在旅途中的信任 / 110

信任也是一种痛 / 113

信任是将心比心 / 115

信任是理解和默契的升华 / 117

信任是一种感情投资 / 120

信任是人生的财富 / 122

信任是成长路上的巨大动力

信任的力量有多大 / 126

孩子仿佛为赏识来到人世间 / 128

信任是家庭教育的情感基石 / 131

信任打开沟通之窗 / 133

信任带来心灵交融 / 136

在信任中长大的人充满自信 / 138

信任他就去发现他身上的优点 / 142

信任是激励的最高境界

激励高效的员工 / 148

信任与包容是最好的激励 / 153

传递信任，实现激励 / 157

信任到底是个什么东西 / 160

信任是最好的激励 / 165

信任与认同激励 / 168

在你信任的目光中放声歌唱 / 170

信任带来高效能

信任是最美的原谅 / 174

管理者的自恋 / 176

建立组织内部信任的要诀 / 180

领导阿德 / 183

相互信任，其利断金 / 185

相信你不相信的事 / 187

信任管理使企业高效运转 / 189

信任才能高效 / 191

信任是金 / 194

信任是开发员工潜能的钥匙 / 196

信任是用人的第一标准

信任才能寻到得力替手／200

信任是用人的第一标准／203

胸有大略，用人不疑／205

用人不疑的智谋／208

用人理念上的创新／209

信任无价

世界上没有比信任更好的礼物

信任让两颗心靠得更紧

信任是一种有生命的感觉

信任无法用金钱买卖

信任需要日积月累

为了信任而变得坚强勇敢

万物有价，信任无价

股如人生，信任为本

多些信任，多些美好

世界上没有比信任更好的礼物

　　生活在尘世，离不开合作，信任是最好的见面礼，也是最恒久的牵心线。人在旅途，离不开帮助，信任是最真诚的期待，也是最可靠的支持。没有比信任更好的礼物，只是缺少它，不强求；赠送人，要当心；得之，要珍爱；失之，要痛省。信任，一旦拥有，当终生厚爱。

　　世界上恐怕没有比信任更好的礼物了。说它是最好的礼物，一定程度上是指它无法用贵重或精美之类的词语去形容，它是无价的，最难忘的，也是最能让人感动的。

　　但是，信任这礼物又是很难得的，因为对于不少人来说，总是希望别人把这件礼物馈赠给他，而他总不大乐意轻意地把它赠送给别人。

　　能够得到别人特别是许多人的信任，毕竟是件幸事，也是件乐事，当然还是件好事。往浅了说，这说明自己至少有一定的人缘，往大了说，至少证明自己有一定的威望。被人信任实在是种荣誉。

　　当然荣誉这东西需要珍爱和保护。从某些角度来看，被人信任的同时其实是自己欠了别人一笔心债，也就是说自己唯有对得起人家的信任，才不至于损坏了信任这个易碎的礼物。

　　另外一方面就是自己对别人的信任，对别人不知根底、不明来意、轻率的信任那叫轻信。轻信的后果不仅换不来真心，可怕的是还可能带来被骗的恶果，不明不白地上当则委实冤枉和恼怒。反之，除了自己谁也不相信，事事处处提防，时时刻刻警惕，又不免太虚弱，太没眼光，太无能。这样也许从不会上当，可也绝不会得到别人的信任，这从人格上说是一种残缺，从能力上说又是一种孱弱，从立身处世上说肯定也是一种失败，甚至有些人的心理本身就是一种阴暗或不可告人的，这种人更为危险。

我们无法苛求别人对自己的信任，因为别人也在审视你值不值得信任，信任只能靠自己人格的力量和处世的魅力去赢得，更多的时候是在自己不曾留意和不故作姿态中获得的。同样，如何信任别人，谨慎自是没错，洞察也是必要，更主要的是在切实交往或者抗衡乃至争夺中用宽阔的心境和深刻的智慧去明晰和决断。

生活在尘世，离不开合作，信任是最好的见面礼，也是最恒久的牵心线。

人在旅途，离不开帮助，信任是最真诚的期待，也是最可靠的支持。

没有比信任更好的礼物，只是缺少它，不强求；赠送人，要当心；得之，要珍爱；失之，要痛省。

信任，一旦拥有，当终生厚爱。

信任让两颗心靠得更紧

每一个人，每一天，做每一件事，都会面临诚信的考验，让信任，从心做起！信任是人际关系中的一种黏合剂，它使两颗心靠得更紧。信任是对别人的欣赏，被人信任的人犹如沐浴在阳光雨露下，会产生勇气和力量。

雨果在《悲惨世界》中写道：冉阿让为了救助饥饿的儿童，偷了几块面包，被判了十几年的徒刑。出狱后，一次在某修道院就餐时，偷走了几件银餐具，后被警察抓回修道院。修道院院长对警察说："这餐具是我送给他的。"冉阿让的心被震撼了，从此冉阿让开始了他行善的后半生。修道院院长的宽容和信任，使冉阿让改过自新，成为善人。

信任，这个词，好美！我们每一个人，每一天，做每一件事，都会面临诚信的考验，让信任，从心做起！信任是人际关系中的一种黏合剂，它使两颗心靠得更紧。信任是对别人的欣赏，被人信任的人犹如沐浴在阳光雨露下，会产生勇气和力量。

信任，是一种有生命的感觉；信任，也是一种高尚的情感；信任，更是一种连接人与人之间的纽带。你有义务去信任另一个人，除非你能证实，那个人不值得你信任；你也有权受到另一个人的信任，除非，你已被证实不值得被那个人信任。

世界上有很多东西是无价的，信任，就是其中之一。当你确信某个人十分信任你时，你是否有种愿意为他做任何事情的感觉？我就是这样的一种人，我的领导很信任我，为了报答这份信任，我忘我工作了多年，有时甚至放弃了自己的业余时间。有时自己静下心来细想，我其实已成了信任的奴隶，就像爱情的奴隶一样，时刻准备着奉献自己的一切。

虽然说起来简单，可是，真的涉及到自己，有多少人做到了呢，又有多少人这样做了呢？感情总会多了些许猜疑、争吵、无聊、冷漠，到最后，只会是无言的结局。于是我想，是不是信任也是有底线的呢？

我想，让信任，从心做起！不管世间多么繁杂，不管人与人之间的关系，是多么捉摸不定，当你需要别人宽容的时候，你才觉得，理解和信任是多么的珍贵。只有互相善待，才能共筑彼此之间的理解和信任。

信任无价，人人如果都多一份理解和信任，那么世界会变得很美好！

信任是一种有生命的感觉

在这个复杂的世界里，让自己变得简单，把别人看得简单，这就是一种深层的信任。一杯香茗，你可以品出信任的清香；一句忠告，你可以领略信任的意味。

我们可以轻松而温馨地品味母亲冲调的一杯热茶，而往往谢绝列车上身边陌生人的一杯香茗！我们可以轻易地相信朋友不经意间的一句调侃，却对一个素昧平生的人的忠告感到满腹狐疑。

这真是一个复杂的世界。屡见不鲜的骗局，肆意在生活的舞台上演，流言和谣传，让每一张陌生的容颜显得居心叵测。我们生活在自己狭小的天地间，不敢伸手去触及外面的世界，甚至害怕从外界来的所有……

在一个静静的夜晚，你在小路上寂寞地走着，突然你看到前方有一个陌生的影子，而且他向你走来，看了看你的眼睛——他要干什么？抢劫、殴打、甚至……他是不是盯上我很久了？是不是一场有预谋的打劫？你惶惶地想，甚至不自觉地把手握成拳头，以防突如其来的袭击——可是他一言不发地走过，融入了夜色。你开始平静下来却仍然在想，这件事情，是不是还有下文？

累了，我们都累了，我们忘了曾经呼唤过的信任。隔膜和顾忌，让信任变得像是遥远的星辰，可望而不可即。

你为一道难题摇首踟蹰的时候，一位与你只是点头之交的同学轻轻地告诉了你答案。你怀疑他的动机，可当你看着他的眼睛，那里闪烁着和善和友爱，于是你释然地微笑。

　　你在一个陌生的地方感到无所适从，一位好心的路人主动上前寻问，并帮你解决了疑惑。你怀疑他的好意，可是你从他的语言和行动中感到了关怀和诚挚，于是你衷心地道谢。

　　其实有很多时候，别人没有给我们疑惑，而是我们自己的心灵因为戒备而多疑。我们不应该因为感情的生疏，造成认知的误区。

　　在这个复杂的世界里，让自己变得简单，把别人看得简单，就是一种深层的信任。一杯香茗，你可以品出信任的清香；一句忠告，你可以领略信任的意味。

　　信任亲友是人的天性，而信任他人则是一种美德，在信任的过程中，能让人们更快乐而全面地认识这个复杂的世界。

　　信任一个人有时需要很多年的时间，因此有些人甚至终其一生也没有真正信任过任何一个人。倘若你只信任那些能要你欢心的人，那是毫无意义的；倘若你信任你所见到的每一个人，那么你就是个傻瓜；倘若你毫不犹豫，匆匆忙忙去信任一个人，那么你可能会很快被你信任的人背弃；倘若你只是出于某种肤浅的认识去信任一个人，那么接踵而来的可能就是恼人的猜忌和背叛。

信任无法用金钱买卖

为人处世，要想在人生的道路上畅通无阻，须先打开身后信任的口袋，接纳更多的关爱，因为那是我们前进道路上宝贵的财富。

信任，是无法用金钱买卖的，也是无法轻易培养的。

著名画家黄永玉有一次在法国巴黎街头写生，一位年轻的法国女士微笑着跪在他背后看他画画。天气很热，画家全神贯注于街头的风景。那位女士虔诚地给他倒了一杯水。刚好画家口渴了，就在他端起水杯的时候，画家突然想到：在这个陌生的国度，一个毫无关系的陌生人给一个素昧平生的画家倒水，她会不会在水里下了蒙汗药呢？正当画家疑惑时，那位女士向他招招手微笑着离开了。画家并没有喝那杯水，立马伸手摸了摸后裤袋里的钱包。一摸钱包还在，他这才放心地作画。

回国后他为自己的举动和想法而感到脸红，他发出了这样的感慨：我们心底的不信任的基础太多了，辜负了太多的善意！对那位女士而言，给画家倒水是对艺术家的爱戴和信赖，而画家却误会了那番好意。

每个人都会常常遭到别人的怀疑，就连我也不例外。

那天早晨，我得意扬扬地将自己的作文拿给妈妈看，得到了她的表扬。但是就在不久之后，妈妈却突然说我的这篇文章是抄来的，她让我重新写一遍。因为当时写那篇作文的时候我的确是灵感突现，我又没有完完全全地背下来，现在让我一字不漏写下来，确实有点难。这一切让妈妈更加不信任我了，我也非常委屈：平时最信任我的妈妈如今却怀疑起我来了。

从这件事情之后，我明白了一个道理：为人处世，要想在人生的道路上畅通无阻，须先打开身后信任的口袋，接纳更多的关爱，因为那是我们前进的道路上宝贵的财富。

信任需要日积月累

怀疑仅仅是一秒钟的事，信任却需要日积月累。

怀疑仅仅是一秒钟的事，而信任却需要日积月累。

早上，与同事一起出门去买早餐。聊到打电话的事，她突然问：如果让你发现，你男朋友深更半夜还在同别人打电话，你会怎么想？我不假思索地说，我会怀疑。她说，你会相信他们只是纯粹的朋友关系吗？我说，不会相信。

同事的话，让我突然想：人，是不是习惯第一感觉去怀疑呢？尤其是在对待男女关系问题上？要不然，我的第一反应为什么是怀疑和不信任呢？她说，她也是这么想的，可是男朋友却说她斤斤计较……我不知道她究竟遇到了怎样的事情，但可想而知她是在怀疑，在直觉上怀疑这深夜中的交流。我想，如果是我，也铁定是这样的。因为，我无法为自己找到一个正当的理由，去相信：在深更半夜舍弃睡眠的交流是纯洁无瑕的。是的，我无法相信。

许多唯美的幻想和刺激的故事，都在深夜不经意间上演。深夜，能听到彼此的心跳和呼吸；深夜，能潜藏无尽的娇羞和心事；深夜，更能在寂静背后微妙地谱写出一曲动人的合鸣乐章。那么，你又怎能让我相信，在如此的深夜，在如此的良辰，没有如此的精彩一幕幕、如此的预期一桩桩上映呢？没有，你没有。

　　同事说，如果他跟你解释说，只是朋友，你会相信吗？我说，我会相信的。我想，我除了相信似乎毫无他法。在爱情的世界里，怀疑是最大的刽子手吧，我想。如果没有信任，我又拿什么去相信爱情呢？同事说，那你会怎么做呢？我说，我会约他和他朋友一起见面。女人是敏感的，也是直观的，女人相信自己的直觉更胜于推断，所以女人心底的怀疑就只能由她自己来冰释。女人，需要给自己一个答案。

　　同事说，你真的相信，这男女之间有纯粹的友情吗？我说，以前我不相信，但现在我相信。她说，为什么？我笑笑，说，没有为什么，只是选择去相信罢了。我不知道，我说的这些对不对，对同事又是否有帮助。我只是在想，如果我真的遇到这种情况，我是否能如今早这般坦然和肯定，我是否也能理性而宽容大度地去选择相信？

　　我想，在未遇到之前，我们谁也无法预知。

　　只是，怀疑仅仅是一秒钟的事，而信任却需要日积月累。你丢得起吗？

为了信任而变得坚强勇敢

信任是最可贵的，它贵在诚恳，贵在尊重。它是架在人心的一座桥梁，是沟通心灵的纽带，是振荡情感之波的琴弦，因为有了信任我们可以生活得更美好更精彩。

在糜烂的城市中，我们很多时候更像是孩子，找不到回家的路，而这个时候需要的当然是信任，你是否为了别人的信任而变得坚强勇敢呢？

信任，从字面上看仅仅是简简单单的两个字，可是，当你在知识的海洋里慢慢地去品味，你又会觉得信任是最可贵的，它贵在诚恳，贵在尊重。它是架在人心的一座桥梁，是沟通心灵的纽带，是振荡情感之波的琴弦，因为有了信任我们可以生活得更美好更精彩。

说到信任，先来讲一个和信任相关的故事吧。这个故事发生在一艘货轮上，它在烟波浩渺的大西洋上行驶，一个在船尾做勤杂工的小孩不慎掉进了波涛滚滚的大西洋，孩子大喊救命，无奈风大浪急，船上的人谁也没有听到。孩子眼睁睁地看着货轮拖着浪花越走越远，求生的本能使这个孩子在冰冷的海水里拼命地游，他用全身的力气挥动着瘦小的双臂，努力使头伸出水面，睁大了眼睛盯着轮船远去的方向，船越走越远，船身越来越小，到后来什么也看不到了，只剩下一望无际的汪洋，孩子的力气也用完了，他觉得自己就要沉下去了。放弃，他对自己这样说，可这个时候他想起了老船长慈祥的脸，友善的眼神。"船长知道我掉到海里一定会救我的。"想到这，孩子鼓起勇气用生命最后的力量继续朝前游。船长终于发现那个孩子失踪了，在他断定孩子掉到海里的时候他下令返航回去找，很多人跟他说，船长，这么长时间了，这个孩子即便没有被淹死也一定让鲨鱼吃了。船长犹豫了一下还是下令回去找。又有人说为一个小孩这样做值得吗？船长大喝一声住嘴。终于，在那个孩子就要沉下去的最后一刻船长赶到了，救起了孩子。孩子苏醒后跪在地上感谢船长的救命之恩，船长扶起孩子并问道，为什么能够坚持这么长的时间？孩子回答说，他知道船长会来救他的，一定会的。船长很纳闷，问这个孩子怎么知道自己一定会去救他呢？孩子肯定地告诉船长，因为他知道船长是这样的人。听到这，白发苍苍的船长也跪到了孩子面前，他泪流满面，不是他救了孩子，而是孩子救了他呀，他为他那一刻的犹豫而感到耻辱。

　　一个人能被他人相信是一种幸福，他人在绝望的时候想起你，相信你会给予救助更是一种幸福。

万物有价，信任无价

过多的惩罚会使学生从良心的责备中解脱出来，把孩子推向另一个极端，为了孩子的真正发展，为了孩子真正的未来，请你最大限度地理解、善待孩子，信任他们，如果说一定要用金钱来衡量价值的话，请记住"万物有价，信任无价"。

有这样一则故事，管仲与鲍叔牙做了三次生意，分利润时，管仲每次都多拿。有人说他很自私，鲍叔牙说这是因为他家里穷。后来管仲做了三次官，三次都被辞退了，有人说他不会做官，鲍叔牙又为他打圆场，说他没有机遇。管仲还打了三次仗，三次都临阵脱逃，有人说他是胆小鬼，鲍叔牙说，他怎么是胆小鬼，他是为了尽孝，家里有一位 80 岁的老母亲，他死了，老母亲怎么办？所以有人说，在鲍叔牙的面前，管仲没法不变成圣人。在鲍叔牙信任的眼光下，管仲最终变成了圣人。可见，信任的力量实在是太强大了。

听到许多老师谈起现在的学生就感到头痛：家庭条件好了，学习习惯差了，独生子女的骄纵、不服管教等等。其实，不管以前还是现在，青少年的成长都要经历从他律逐步进入自律的过程，现在的孩子生活在信息社会，比以前的孩子有更强的自我保护的意识，更加迫切地需要老师的肯定。"人之初，性本善"，青少年的精神状态，与老师对他的评价密切相关，老师的信任与表扬，可以把学生的精神状态激发到最佳状态，相反，老师的淡漠与猜疑，也可能会让一个孩子的情绪跌落到低谷，一落千丈。

教师对学生要有起码的信任，相信他们能够转化，能够进步；相信他们都喜欢美好的事物。当老师的信任一旦被学生接受，就可以对他们自身产生巨大的动力，催他们自我修正自己的生活轨道，沿着教育者期望的方向努力，这比老师的苦口婆心、开导、说教、规范、惩罚要有效得多。信任与高期望就是"无为"教育的深刻本质。"无为"教育艺术展现的是教育者导演的以学生为主体的自我教育。在无形无象、但有声有色的无为教育中：学生的自主意识会大大增强，身心健康水平、智慧和悟性都会有新的提高。

一个女孩初学小提琴，琴声如同锯木头，父母不愿听。孩子一气之下跑到幽静的树林中学练。突然，她听到一位老人的赞许，她说："我的耳朵聋了，什么也听不见，只感觉你拉得不错！"小女孩受到鼓励，于是每天都到树林里为老人拉琴。每奏完一曲，老人都鼓励她说："谢谢，拉得真不错！"终于有一天，家长惊异地发现了女儿优美的琴声，忙问是什么名师指点。这时，女孩才知道，林中的老人是著名的器乐教授，而且她的听力一直很好。

且先不说这位老人是否真的在专业上有很高的造诣，但她绝对是一名高明的教育者，她装耳聋，却成功地引导一个孩子走向了自信。她认真地倾听孩子的琴声，对孩子不断鼓励，虽没有具体施教琴艺，又没任何说教，但却给了孩子动力和智慧。女孩每天为"残疾"孤寂的老人拉琴，从中悟到艺术的价值和魅力，琴德、琴艺都得到升华。这个传奇故事蕴涵着丰富的教育哲理。

常言道：信心是成功的前提，世界上的每一个成功者，必定是绝对地相信自己，古人说："哀莫大于心死，而人死亦次之。"一个没有脊梁骨的人，要站得笔直是不可能的，一个人的自信完全消失的时候，也只会什么事都做不成。在很多时候，对待一个调皮厌学的学生，有些教师常用的是老三招：一训二罚三请家长。但往往收效甚微，甚至最后使得学生更加肆无忌惮。举一个真实的例子：有一位初一时转来的学生，他在原来的学校结交了一些不好的同伴，纪律散漫，习惯较差。不久新班主任马老师领教了这位学生的厉害，开学不到一个月，他就与初二的一位同学发生摩擦，结果纠集了一帮人围攻初二的学生，此事闹得沸沸扬扬。平日的自习和午休他也是有名的"老大"。刚开始的时候马老师也不断地批评，找家长，但不见起色，老师的心情也被弄得很乱，感觉自己真的很无能，总是在不停地被动收拾残局。等自己冷静下来，她认真分析了这个孩子：他有良好的家庭背景，父母都是副教授，对他的要求很高，有时恨铁不成钢，孩子感到没有亲情；他虽然急躁好斗，但他有着一股义气，同学们也都欣赏；他虽然一再违反纪律，但对于老师交给的任务，都完成得相当漂亮……

　　一天，班主任马老师利用班会时间说了一段话："我们班上的男同学很多，我一直想找一位合适的男班长，我希望这位班长具有以下特点：一、热爱班级，有责任心；二、有正义感，具有一定的威信；三、有上进心。你们有没有合适的人选？"同学们七嘴八舌地提出候选人名单，马老师自己也举起手："老师也提一个名：×××。"那个孩子吃了一惊，同学们也一下愣住了，他们都知道，平日哪个班干部都管不了他，违反纪律最多的也是他。那个孩子连忙说："老师，我不行。"马老师笑着说："我觉得你有责任心、很义气，自尊心强又上进，你一定行。"孩子惭愧地说："我经常违反纪律，学习成绩也不好，我还不够资格当班长。""你在运动会上积极的状态让老师看到了你不服输的劲头，你组织同学们拔河的时候让老师欣赏到你的威信与魅力，你在大扫除的时候、布置班级晚会的时候，老师和同学们都看到了你是个热心、负责的好学生……"
马老师的话音刚落，同学们就都为那位学生鼓起掌来，"你行，一定行。"
这时，老师分明看到了那位学生眼中的晶莹泪花。最终，那位学生承担
起维持班级午休纪律的任务。从那时起，这个班令人头疼的午休纪律问
题解决了，此后一直得到学校的肯定。也是从那时起，孩子像是变了一
个人，个人的毛病明显减少，干工作积极努力，学习也认真许多。马老
师感觉到，他是在用实际行动来证明自己会是一位真正合格的班长。

让我们想想教育家们的告诫吧："你的鞭子底下有瓦特，你的冷眼中
有牛顿，你的讥笑里有爱迪生。"有时，过多的惩罚会使学生从良心的责
备中解脱出来，把孩子推向另一个极端，为了孩子的真正发展，为了孩
子真正的未来，请你最大限度地理解、善待孩子，信任他们，如果说一
定要用金钱来衡量价值的话，请记住"万物有价，信任无价"。

股如人生，信任为本

在假设人是自私的基础上，理性的设计机制可以让信任建立起来，这就是为什么股权激励、限制性股票及全流通是股市健康发展的必要条件。从这一点看，如果相关部门或大股东在股改时一味提出低于市场预期的"对价"方案，也就非常不利于建立市场共识和信任；而如果没有这种信任关系，长期来看没有一方会成为赢家。

十年前我还在上学的时候，一个秃顶的香港教授给我们作了一个关于会计信息的专题讲座。他首先讲了一个故事，大意是说有一男一女两个学生，同窗数载，互有好感，但却从未向对方表白过。其他同学也都早已看出这一点，就鼓动那个男生采取实际行动，于是那个男生决定向女生表白。那晚，晚自习结束后，男生约女生散步，女生也隐约感到会有什么事情发生。他们一直向没有人的地方走去，终于，男生停下来对女生说："有件事想告诉你。"这时那个秃顶的教授停下来，看着我们说："这个男生如果想让女生相信，自己对她的感情是真的，他会怎么做？"我们猜了很多种答案，教授都不是很满意，最后教授给出了他自己的答案。教授说这个男生可能并不富有，所以男生告诉女生自己用所有的钱买了一枚钻戒，现在要把这枚钻戒送给她。如果这个男生要欺骗女生，他的损失就非常大，所以女生可以相信他。

也许大家都明白，这个故事的主题并不是关于爱情而是关于信任，它至少告诉我们两件事。一是信任其实不是很容易建立的，就像沪深股市发展了这么多年，我们既可以痛下决心进行股权分置改革，也可以制定完善的制度和法规，但是没有人可以让大股东和小股东之间、让公司管理层和公司股东之间、让老百姓和基金管理人之间在一夜之间建立起信任关系；而如果缺少这种信任，沪深股市就不可能有好的发展，比如现在的市场估值已比较合理，投资价值远大于债券，但要将老百姓的存款变成基金却仍比较艰难。所以从这个方面看，股改的核心肯定不是"对价"，因为如果通过股改运作，A股市场能建立起基于信任的游戏规则，投资者因此而获得的收益肯定要比"对价"高得多。

这个故事还告诉我们，信任不是靠说说就可以获得的，投资者尤其是小股东天生处于劣势，既使是基金这样的机构投资者对于上市公司及大股东也仍然处于非常弱势的地位，这个地位即使在全流通之后也不会得到改变。形象地说，流通股东买了股票就像中国的一句老话"嫁鸡随鸡，嫁狗随狗"，买了一家公司的股票，只能寄希望于该公司管理层和所有员工能好好工作，使公司有好的发展。上面这则故事还告诉我们一个道理，人与人之间的信任也不是不能建立的，在假设人是自私的基础上，理性的设计机制可以让信任建立起来，这就是为什么股权激励、限制性股票及全流通是股市健康发展的必要条件。从这一点看，如果目前相关部门或大股东在股改时一味提出低于市场预期的"对价"方案，也就非常不利于建立市场共识和信任；而如果没有这种信任关系，长期来看没有一方会成为赢家。

多些信任，多些美好

无论是敞开胸怀去信任别人，还是被别人信任，都是一种无法言状的幸福。

还记得十六岁那年的某一天，我从学校骑着自行车回家，走到半路天就黑了下来。那是冬天，刚刚下过一场大雪，路上很滑，我小心翼翼地骑着车子缓慢前行，谁知越骑越觉得费劲，下来一看，原来是前后轮胎都没气了，我只好无奈地推着车子深一脚浅一脚地向前面村子里摸去。

在一户人家的门前，我停了下来，轻轻地叩响了门。开门的是一位大婶，我向大婶说明了来意，大婶把我让进屋里，看到我的棉鞋已经被雪水浸透了，大婶忙不迭地找出一双棉鞋让我换上，然后又喊来几位邻居帮我把车子修好了。看到天色已晚，大婶说："天太晚了，路又滑，你就住下明天再走吧。"还没等我拒绝，大婶已经给我安排好了床铺。第二天，大婶早早地就起来做好了饭，执意让我吃了饭再走。在与大婶的谈话中，我才知道大婶的丈夫在城里打工，家里只有她和一个十岁的女儿，我被大婶那质朴而真诚的信任深深地感动了。这件事过去好几年了，每当想起，我的心里就会涌起一股暖流。

后来我上了大学。那时，学校门口有一个油条铺，摊主是一对中年夫妇，男的和面，女的炸油条，生意很红火。由于人手少，他们就随便在油锅旁放一个纸盒子，顾客买油条时自己把钱放在盒子里就行。记得有一次，我和几位同学曾经好奇地问那对夫妇："你们就不怕有人少给钱吗？"男人憨厚地笑了一下说："不会的，你们都是文化人，俺对你们最放心。"也许正是因为他们夫妇的真诚和随和，小摊的生意非常红火，好多人宁愿绕道也到他的摊子买油条。

这些事经常在我的脑海中浮现，让我觉得：无论是敞开胸怀去信任别人，还是被别人信任，都是一种无法言状的幸福。

信 任

是爱的基本元素

You made me
Complete!

爱的最好表达是信任

爱就要信任，爱就要宽容

爱需要的是信任

爱的最好表达是信任

信任对于一个身陷困境的人来说，该是多么宝贵的鼓励啊！

当年在挖掘特洛伊古城的时候，一位英国考古学家发现了一面古铜镜，铜镜背后镌刻了一段古怪难懂的铭文，他穷尽毕生精力，请教了不少古希腊文专家，都无法破译其中的奥妙。

考古学家逝世后，这面镜子就静静地躺在不列颠博物馆里。直到二十年后，有一天，博物馆里来了一个英俊的年轻人，在博物馆馆长的陪同下，他径直走到古镜前，在工作人员的协助下打开玻璃柜，小心翼翼地取出古镜，翻过来放在一块红色天鹅绒上。古镜背后的铭文在红色的背景上反射出冷冷的金色光泽。年轻人从背囊里拿了一面普通的镜子出来，照着古铜镜上的铭文，转过头去，微笑着对博物馆馆长说："看，这面古镜背后的铭文其实并不难解，只是将普通的古希腊文按着镜像后的文字图案雕刻上去的。"博物馆馆长也是一位古希腊文专家，他扶着鼻梁上的老花镜，将脸凑过去，仔细辨析镜子反照后的文字，缓缓地，一字一字读道："致我最亲爱的人：当所有的人认为你向左时，我知道你一直向右。"

年轻人抬起头，叹了口气说："真可惜！我祖父花了毕生的精力，也没能破解文字中的奥妙，却不知道自己一直在浪费时间，结果竟然这么简单！"博物馆馆长沉默了一会儿，淡淡地说："或许你以为他一直向左，其实他一直在向右。"年轻人神色一动，陷入了沉思。

我们已经无法得知，这段文字是否就是当年美丽的海伦写给她那苦命情人的，但铭文中包含着的那种对爱人无限支持的精神，直到今天仍然令人动情不已。在古代许多国度的习俗中，都有左尊右卑的观念，看来特洛伊古城也是这样。我们从古镜的铭文中可以看出，作者的情人或许正被他人视做不断堕落，即将陷入四面楚歌的困境。在这种困境之下，那甜蜜的人儿，却用这段话表明了对爱人的无比信任，相信他的努力必然会达到一个正确的目标。这种信任对于一个身陷困境的人来说，该是多么宝贵的鼓励啊！

那位考古学家没能揭开谜团，不一定是他做错了，只能说明他没有足够的运气发现真相，外人或许认为他向左了，但其实他一直在向右。作为考古学家的继承人，他的孙子需要明白这一点，并尊敬祖父这种不懈的努力，以告慰他那锲而不舍、死而后已的崇高精神。这或许就是博物馆馆长话语中的含义。

当所有人都认为你所爱的人向左时，你不妨对他大喊一声："我知道你一直向右！"这或许就是对爱的最好表达。

爱就要信任，爱就要宽容

如果没有了爱，那婚姻就是一纸空文；如果没有了爱，那夫妻就会形同路人。既然不爱了，就应该学会放手。

外遇在我看来，无外乎有真、假两种，而这真假之中又各自包含了两种形态。

先谈谈假外遇。如果你的另一半天生就是醋坛子，或者生来耳朵根子就软。只要看见你和异性接触就醋意大发，或者听到什么闲言碎语就信以为真。结果是非要找出个狐狸精或者小白脸才"善罢甘休"，非要让外遇的屎尿盆子扣到你头上才"鸣金收兵"。想想看，本来是没有外遇的，逼急了还不得找个来充数？如此一来，就真的逼上梁山了。所以对于这类无中生有的假外遇，同情之余送上两个字：信任。至于另一种假外遇却是真的有了第三者，只不过落花有意、流水无情。虽然你明明对第三者心如止水，但你的另一半却偏认为世上没有不偷腥的猫。于是，一面可能是第三者的苦苦纠缠，一面是另一半的不依不饶。试想，这样的夹缝生存必然会让人作出违背意愿的选择。到时候，假戏成真，不知道该哭的人又是谁？所以对于这类弄巧成拙的假外遇，怜悯之余还是那两个字：信任。

有假的，就有真的。即使是真的，也不要歇斯底里，也切勿寻死觅活。古语有训：七年之痒。平淡的夫妻生活不免让有的人思慕起屋外的花花草草。于是，当第三者出现时，另一半就心猿意马，"勇敢"地闯了红灯，结果就成了外遇的开始。此时，另一半一面蒙受着良心上的责难，一面享受着新鲜感带来的刺激。如果在这个节骨眼上，你使出泼妇赖汉的招数，动不动就吵，吵不拢就骂，骂不过就挥舞拳脚。后果可想而知，他的良心肯定要被"狗"吃掉的。最后，要么离婚，要么分家。其实，正确的处理方法是打太极拳，要以柔克刚，要以静制动。对于这类一失足而尚知悔改的真外遇，谴责之余送上两个字：宽容。当然如果另一半真的一点不爱你了，他铁了心要当陈世美，你即使对他再好也是竹篮打水—— 一场空。如果没有了爱，那婚姻就是一纸空文；如果没有了爱，那夫妻就会形同路人。既然不爱了，就应该学会放手。所以对于这类爱已成往事不再回来的真外遇，痛心之余还是那两个字：宽容。

面对外遇，切记，信任、宽容。

爱需要的是信任

如果你没有学会对你的爱人付出足够的信任，你可能会获得终生的遗憾。

男孩和女孩是一对情侣，女孩喜欢感受下雨，男孩总是在下雨的时候为女孩撑伞。伞的大半部分都是遮着女孩的，每次雨水都打湿了男孩的身子，他都不说什么，只是默默看着女孩陶醉的脸。他觉得很幸福，女孩也觉得很幸福。

有一天，男孩和女孩去游玩，男孩挽着女孩的手，正路过一个建筑工地，女孩兴奋地跳着，嘴里还在说着些什么。男孩很少说话，只是默默地看着她开心，自己也开心。突然，从楼上落下一块不大不小的碎石，正朝女孩头上砸来，此时已经来不及跑开了，男孩一把抱过女孩，他想用自己的身体挡住碎石，就在两人快着地的时候，男孩猛地翻了个身让自己身体朝下，结果女孩只是手被碎石砸到，流血了。

女孩反应过来，痛得叫了出来，眼泪都流了出来，她想：古话说"夫妻本是同林鸟，大难来时各自飞"，这句话果然没错。这样想着，她强忍着痛从男孩身上爬了起来，看也不看男孩一眼就跑了。

此时男孩呼唤着女孩的名字，声音颤抖，嘴唇已经发白。他拿出手机拨了女孩的手机号码，女孩没接，再拨还是没接，反复几次后，他放弃了，只是手指在手机上按着什么。这时候男孩身边的血慢慢地蔓延开，他的手垂了下来，手机掉在血泊中，再也没力气按下发送键。

第二天，女孩得知男孩在医院抢救的消息，也顾不上生气就往医院跑。当她到医院的时候，医生已经宣布男孩因抢救无效死亡了，死因是肺部失血过多。

原来，当男孩想用身子挡着碎石的时候，猛地发现地上立着一根十几厘米的钢筋，他猛地翻个身，用尽全身的力气只让碎石砸到女孩的手，自己却让钢筋插进肺部。

男孩的母亲把男孩的手机交到女孩手里，女孩看着那还未发出去的短信：亲爱的，对不起，我还是没能保护你，让你手受伤了……看到这里女孩的眼泪再也忍不住涌出了眼眶……

如果你没有学会对你的爱人付出足够的信任，你可能会获得终生的遗憾。

信任

是家庭和谐的秘诀

沟通与信任的故事

婚姻家庭最害怕猜忌

听来的故事

和妻子的信任

亲爱的，你会抱住我吗

信任是一种爱

信任是维系夫妻关系的基础

再多一点理解和信任不好吗

爱她，就信任她

宝宝，我爱你

沟通与信任的故事

无论跟家人或爱人相处，最重要的是互信，还有沟通。

提及这个故事，是突然想到了"信任"这两个字。

最令人承受不起的往往不是一件事情本身，而是被这件事情所牵涉到的"信任"打击。

1994 年，珠姐跟那个男人走了。那时我年纪尚小，很清晰地记得当年珠姐父母咬牙切齿说要与珠姐这个让家族蒙羞的女儿断绝父女、母女关系。

珠姐刚好比我大十二岁，我一直叫她珠姐。在我的印象中，珠姐是个温柔、斯文的女孩子，以前所有长辈、亲朋戚友都这么认为。但当她选择了跟那个男人私奔这条路后，所有人都对她改变了看法。

我并不了解珠姐与那个男人的爱情故事。但我相信，能让一个女孩子走到这一步，为了他能跟父母反目私奔的爱，肯定深不可测。

只是，我认为珠姐大可不必走到私奔这一步。哪个父母不是为了儿女幸福着想。当年珠姐妈妈极力阻止女儿跟那个男人的婚姻，是因为那个男人穷，怕女儿嫁过去要受苦。她的出发点是为了女儿的幸福，但她不明白没有爱的婚姻，女儿也不会幸福。

十二年过去了，珠姐的父母还没有原谅她。我很不明白，为什么父母与子女的关系可以发展到这种地步，如同仇人。不是说父子母女没有隔夜仇吗？如果说错，大家都有错。珠姐错在没有跟父母好好沟通，没有尽力去说服父母，告诉父母自己真挚的爱情，去感动他们，而自己妄自决定，不负责任一声不响地走了。她的父母错在当时不太顾及女儿的感受，态度立场强硬。女儿走后，珠姐妈妈跑去男方家大吵大闹，整个小镇沸沸扬扬，都说珠姐跟男人跑了。

如果说痛，珠姐母女的心都痛。珠姐的孩子十一岁了，不敢叫外婆。几年前，珠姐的奶奶去世，珠姐妈妈反对珠姐回来参加奶奶的葬礼，最后在叔伯兄弟的劝解下，让她回来参加了，但没跟她说过一句话。两人各自哭成了泪人，除了哭已去世的奶奶，大概心中还有许多酸楚。

事情已经过去多年，大家都劝解珠姐妈妈原谅珠姐。但每次珠姐妈妈眼中总饱含泪水，始终不肯原谅她。我想，或者珠姐那次事件伤她太重。听说，珠姐妈妈从珠姐出世到出走，一直很疼爱她，最疼爱最信任的至亲的人最后选择了背叛，对她来说是一种极大的打击。

一次，我出差顺路去探望珠姐。或许因为生活的奔波劳累，或许因为心境历经辛酸，或许还有其他很多原因，珠姐看上去比其他人要憔悴许多。看着她，我心里有种说不出的滋味，跟她小聚了一会儿，聊一些闲话家常。

我不敢问珠姐有没有后悔过当年的事，也不敢提及珠姐妈妈。所有的事都已经过去了，就让它默默过去吧！也许这对当事人来说，才是一种最好的疗伤办法。

珠姐刚看到多年不见的我时，身体有一些颤抖，大概是熟悉的人令她忆起太多的往事。就像我看着她，也说不出是什么滋味，就是很心疼她。我多么希望她妈妈可以原谅她。这个多年的心结没有解开，大家心里都一直会痛。

每次与人谈及珠姐，我都要为她说几句公道话，她敢于追求自己的爱情并没有错。我羡慕他们的爱情，不顾任何阻力，走在一起。倘若我的爱情如她一般，我也会争取到最后一秒。只是，不会跟她一样，我没有勇气私奔，更不忍心伤害父母。其实哪一个父母不是为了孩子好？只是，上一辈与我们对许多事的观念、看法不一样而已。这便需要沟通。幸好我的父母是明白事理之人，给了孩子们足够自由的空间。

　　记得有一次问妈妈，对珠姐私奔这事有什么看法？妈妈告诉我，这事珠姐跟她的父母都有错。父母的出发点没错，为了女儿以后的生活着想，想女儿嫁得好，不用为三餐劳累。但他们不会站在孩子的角度去想，如今孩子已经爱到死去活来，这样就算让你成功拆散也于心不忍。而珠姐，她亦不懂父母的心，没有去试图感动父母的心。妈妈回忆说，她当时问过珠姐，是否很爱那个人，一定要嫁给他。如若是，她便要帮助珠姐一起去说服珠姐父母，有了长辈们的帮助、说服，这事便不难解决。但当时珠姐没同意，后来做出来的事让人来不及反应。这孩子太傻，其实根本不用走到这一步的。

　　我跟妈妈说，如果我是珠姐，一定会坐下来平心静气地跟你讲述我的爱情，诉说我的感受，并请求你能理解我，支持我。如果你还要阻止我的话，也许我会放弃。妈妈说，如果我一开始反对你的爱情或婚姻，那么说明妈妈不放心女儿的这份爱情或婚姻，毕竟父母过的桥比你们走的路还多，父母一定是为了孩子好。但如果我的女儿跟我说，她是真心无悔地爱，请求我支持她，那么我会支持她，相信她。而且我相信我女儿不是一个笨人。说到这，我们母女俩都笑了。

　　确实，我相信笑了是因为沟通和信任。无论跟家人或爱人相处，最重要的是互信，还有沟通。珠姐与家人之间缺乏的就是信任与沟通。

婚姻家庭最害怕猜忌

丈夫要和妻子多沟通，要知道家庭里每一个人的命运都是和整个家有关联的。

一个已婚的妇女说，以前她和老公很恩爱，可现在她觉得老公有外遇。我问她是怎么知道丈夫有外遇的呢？她说老公以前每天都准时回来吃晚饭，现在却经常不回来吃晚饭，打电话过去老公总是支支吾吾的，她就认为自己的老公在外面有女人了，接着就开始胡思乱想，想老公和外面的女人如何快活了什么的了，想自己为了这个家付出了这么多，却得到了这么个结果，一来二去弄得自己得了轻度忧郁症，而且开始和老公吵架了。

老公呢，感觉家里不像以前那么温馨了，就更不回家了，开始在酒吧消遣。其实原因是，老公的上司换人了，他要在新的上司面前做出成绩来，又怕妻子担心，所以没有告诉妻子。

两个人其实都没错。妻子呢，不能乱想，丈夫没回来吃饭就说明他有事情在做，只是丈夫觉得这件事情不想妻子参与罢了。其实，妻子当时可以和丈夫说，你不回来吃饭让我很担心你，以后不回来吃饭可否先打个电话回来，而不要一味地自己在那里乱猜。让丈夫知道你很关心他，也很担心他现在的情况，要让丈夫知道他现在的情况已经影响到你的生活了。

丈夫要和妻子多沟通，要知道家庭里每一个人的命运都是和整个家有关联的。心理专家在和丈夫的沟通中还了解到一点，就是妻子对丈夫的依赖性很强，使得丈夫在很多时候经常要考虑妻子，让自己活的太累了。

因此，心理专家在解决他们目前生活中所遇到的困难的同时，也重点培养妻子的自主性。现在他们已经跨过了这道坎，心理专家也感到很高兴，觉得自己的努力有了回报。

听来的故事

但她希望自己没看走眼，她不相信有如此坦诚目光的人会骗一台旧抽油烟机，她希望自己是对的，人与人之间可以相互信任。

这是一个听来的故事，讲故事的是位大姐，她说："这几天我一直在想：人与人之间是不是应该相互信任？你把这个故事写下来吧，去问问大家。"

新疆的冬夜总是来得很早，不到八点天就已黑尽，天气预报说气温要下降至零下三十多摄氏度。

快过年了，大姐和家人利用周六在家大扫除，干了一整天，家里已基本干净，唯有一台抽油烟机花着"脸"，油腻腻的。正为抽油烟机犯愁时，大姐听到窗外有人操着地道的河南话吆喝："洗抽油烟机！洗抽油烟机！"一声紧似一声的，好像就在喊她，大姐赶紧探出头去叫："洗抽油烟机的，到我家来！"

来的是一男一女，四十岁上下，男的穿橘红色棉衣，钻井工的旧工作服，很旧，洗得却很干净，破的地方被仔细地补过，一看就是有女人疼的男人。他没有戴帽子，脸在零下三十多度的天气里被冻成了紫红色。女的穿淡蓝色旧羽绒服、黑裤子，干净利落，一条红围巾紧紧地包着头和脸，只露出一双眼睛，怯怯地站在门口，一直不开口说话。

看了抽油烟机，男人说："我们带回去洗吧，明天十二点之前送回来。"大姐看这对男女长得周周正正，目光坦坦荡荡，就什么也没问，让他们将抽油烟机带回去洗。

两人走后，大姐的丈夫问："你留下他们的地址、电话了吗？你让他们写收条了吗？"她说："没有，他们说了明天会送来。"丈夫笑笑说："傻瓜，你被骗了，抽油烟机再也回不来了，不信咱们打赌。"

她没跟丈夫打赌，心里却也泛起了一丝担忧，她说："这台抽油烟机用了好几年了，送不回来咱们再买新的。"但她希望自己没看走眼，她不相信有如此坦诚目光的人会骗一台旧抽油烟机，她希望自己是对的，人与人之间可以相互信任。

那一夜她睡得很不安，那两双坦诚的眼睛总在梦里晃呀晃的，她不是一个为物所困的人，多次用自己的积蓄帮助朋友，这次却为一台旧抽油烟机耿耿于怀，为什么？她不知道。

第二天，天气依然很冷，阳光很灿烂，照在窗台上盛开的水仙花上，她什么也干不成，只呆坐着看水仙花，洁白的小花瓣闪着晶莹剔透的水珠，在阳光下闪闪发亮，她希望十二点前门铃会响，那对陌生男女会准时出现。

十二点时，门铃没响。一点了，门铃依然沉默。

两点了，丈夫说："别等了，我们买台新的吧，以后别再轻易相信别人，老大不小的人了。"

她说："再等等，也许他们……"她不知为那对陌生人找什么托词。

三点时，她决定忘记那台旧抽油烟机，忘记那双坦诚的双眼。正在这时，门铃响了，门外站着那个女人，吃力地抱着抽油烟机，羽绒服上有明显的污迹，头发有些乱，气喘吁吁的。

"对不起，对不起，本来应该在十二点前送来，路滑，一辆中巴车拐弯，把我们骑的自行车撞了。他受伤了，在医院，我是跑着来的，忘记你家的门牌了，找了好久，给你洗干净了，三十元。"女人并不进屋，上气不接下气地说着，将抽油烟机放进屋内，接过她的三十元钱转身就跑。

抽油烟机被仔细地擦洗过，光亮如新，而女人已跑远。

她装了满满一大包吃食，拉着丈夫一起去医院，她不知道他们的名字，但她知道，她一定能在医院找到他们，那一对有着坦诚目光的夫妻。

和妻子的信任

牵着妻的手，我想，我们能够珍惜和拥有现在就是幸福的。过去、未来都不重要，重要的已经被我们牢牢地彼此握住了。

写博客的第一天，就告诉妻了，顺便请她"老人家"来指导指导，免得生疑心，我可没乱写什么。但据我观察，截至到今天妻从来没有打开看过一次，她的态度就是，你爱写就写，给你时间，写啥我不管。

对妻的信任，我非常感激，也有点骄傲。能够被别人信任，本身也说明自己比较过硬吧。

这么多年，我感觉婚姻的基石之一就是应该彼此信任，而信任的前提就是彼此理解和珍惜对方。家中有一个小皮箱，倒也不是什么值钱的东西，是我中专时使用的，自己放了些过去的乱七八糟，加了把锁。这个箱子放在角落里好多年了，妻从来没有问过这是什么，里面有什么，我也没再打开过。那些过去就一直静静地躺在那儿，看着它的主人为现在忙忙碌碌。

这么多年，和妻感觉也没什么秘密了。待久了，仿佛有了心灵感应，往往是一件事我刚说了上半句，她就将我要说的下半句提前搬出来……邪了，往往正是我心里想的。偶尔我也会闹着要看看妻的手机，检查有没有新的短信，妻总是笑骂几句却也不阻止。可我的手机妻倒从来没有看过，估计这功能她还不会使用呢。我们夫妇在家都是长子，都是农民的孩子，都从相同都年代走过，许多思想、观点差不多，而且算来认识已经十九年了，占已经过去的生命的一半还多，可以说熟得不能再熟了，哪还会有什么秘密？

我一直信奉人要真诚坦荡，所以心里总藏不住什么。如果埋在心里，会感觉对不起自己的良心，更对不起两个人——现在爱的人和过去爱的人。爱没有孰轻孰重，只是时间的不同和结果的不同而已，既然过去是真的付出过，何必要遮遮掩掩呢？这些事，后来妻再也没有提过，我当然也不会再提。妻告诉过我她曾经的一些经历，我们像听故事一般，其实那些本来就是故事的，是成长的故事，谁能没有呢？

常常地，牵着妻的手，我想，我们能够珍惜和拥有现在就是幸福的。过去、未来都不重要，重要的已经被我们牢牢地彼此握住了。

亲爱的，你会抱住我吗

信赖就是真诚地抽干心里的每一丝猜疑和顾忌，百分之百地交出自己。

她对婚姻的恐慌，是从丈夫升职为总经理、回家的次数越来越少后开始的。他晚归，她会趁他睡熟时查看他的手机短信，偷偷拎起衬衣仔细地闻仔细地看。

对于她的怀疑和查看，他不是没有察觉，他也很讨厌她疑神疑鬼的样子，但是她控制不住自己。争吵日益频繁，她的心情越来越糟糕。后来，她在朋友的建议下去看心理医生。

心理医生听了她的倾诉后说，周末会在公园举行一次活动，邀请她和她丈夫一同前来。

她和丈夫去了，才发现那天去的都是夫妻。心理医生让妻子们面朝他站成一排，然后要丈夫们在后面站成一排，作好救助准备，待他喊了"开始"之后，前一排的妻子就往后倒。他对妻子们说："夫妻是世界上最亲密的人，所以，你们不要有顾忌，放心往后倒。好，开始！"

女人们都嘻嘻哈哈地笑着，身子一点点地往后倒，她也往后倒着，但是暗自掌握着身体的平衡，她担心后面的丈夫不会好好接住她。果然，她听到了接二连三的"扑通"声，原来心实的女人货真价实地往后倒去，结果站在身后的丈夫却没有认真地去接住，于是就有人结结实实地摔到地上了。从地上爬起来的女人眼中都有了泪水，失手的丈夫们也满脸通红。她暗自庆幸自己多了个心眼儿，回过头，却看见丈夫脸色阴沉地看着另外几对夫妻。那几对都是妻子真的往后倒，而丈夫倾尽全力去接抱的。

心理医生指着那几对抱在一起的夫妻说，他们是这次实验中表现最为出色的人。他说："在这里，妻子为大家表演了'信赖'——信赖就是真诚地抽干心里的每一丝猜疑和顾忌，百分之百地交出自己。丈夫为大家表演的则是'值得信赖'——值得信赖其实是信赖催开的一朵花，如果信赖的土壤过于贫瘠，那么这朵花就不会生长，更不会开放；当然，如果信赖的土壤肥沃松软，值得信赖这朵花就会开放得非常美丽。先生们、女士们，我知道你们当中有很多人都常常感叹自己不幸福。在这里，通过这个活动我想告诉大家，值得信赖是幸福的，而信赖他人是高尚的。你想做幸福的人吗？那么让我们先试着做高尚的人吧！"

她在那一刻恍然大悟，明白自己为什么没有真实地向后倒去了。

那天回到家，她和丈夫又玩了一次那个游戏。她问："亲爱的，你会抱住我吗？"后面的人说："会，我会的。"她闭上眼睛，直直地向后倒去，她能感觉到丈夫很努力地支撑着她已经发福的身体。泪水从眼里流了出来，她再一次找到了通向幸福的那扇门。

信任是一种爱

爱的力量就是信任的力量。在现实社会中，一个人的成功，除了智商及个人努力外，还需要靠旁人的协助与扶持，理解和信任。

有个故事是这样的。一个穷汉早年的结发之妻含辛茹苦度时日，为了生计每天去拾垃圾换点散金碎银糊口。有一天，这个刚强的男人在妻子面前流下了痛苦的泪："我这样没出息，让你受苦了！"妻子笑着安慰丈夫："我相信你，你会拾回一座金山的！"几度春秋，那个男人成了远近闻名的破烂大王。他不满足现状，又去开拓新领域，一路创下辉煌，终于登上了事业成功的顶峰，成了亿万富翁。

爱的力量就是信任的力量。

这位事业有成的富翁回忆说："我之所以要奋斗，就是为了妻子那句信任我的话！我一直笃信，我会让妻子过上幸福甜美的生活。"这使我想起了美国伟大的诗人桑顿说的一段话："在生死两岸，爱是中间的桥梁，爱是唯一生机，爱是唯一的意义，跟随着爱的秘密，你就会找到其中的意义，而你的世界和生命将会改变。"

在现实社会中，一个人的成功，除了智商及个人努力外，还需要靠旁人的协助与扶持，理解和信任。

没有信任，人们会变得多疑、紧张、恐惧。被人信任是一种难能可贵的荣誉，对人信任是一种良好的美德和心理品质。夫妻之间相互信任，感情会愈加浓郁；婆媳之间相互信任，摩擦会烟消云散；同事之间相互信任，隔阂会炭火化雪；朋友之间相互信任，距离会愈拉愈近。人与人之间尽可能多些信任，少些猜疑，人生之旅才会丰富多彩。一个社会的运行必须以人与人的信任做润滑剂，不然，社会就无法正常有序地运转。干群之间、上下级之间的相互理解和信任是一种强大的精神力量，它有助于单位团队精神和凝聚力的形成，有助于人与人之间的和谐共振。

信任是维系夫妻关系的基础

信任是维系夫妻关系的基础，也是制造一切和谐因素的基础。

在家庭中信任是必不可少的，多一份信任就会少一份猜测，愿我们的每一个家庭信任多多，幸福多多。

在一个家庭里，信任是维系夫妻关系的基础。信任的基本意思是相信而敢于托付。人言为信，"人而无信，不知其可也"，这是从信誉方面而言的，如果一个人没了信誉，谁还会相信他甚至托付于他呢？不管是朋友还是夫妻都应如此。

信任是双方合作的基础，其实就一个家庭的组合构成而言，就是一种合作关系。夫妻双方在未成家之前是两个独立的经营个体，各自经营着自己的人生，有的为了将来有个好工作，为了有个好的归属，心里很早就立下愿望并为之努力奋斗。因为有了婚姻这层关系，才使两个不相干、不相隶属的个体在一起合作经营家庭。然而在现实中有的家庭合伙人不讲诚信，违背了双方的承诺和对家庭的责任，当家庭这个合作经营实体遇到风险时，不是抱积极的态度来应对，而是采取回避的态度。其实笔者也不是一概否认分手是错误，如果在一起痛苦比快乐多，那么分手就是一种幸福；如果不是痛苦多于快乐，而又不积极地努力缓和家庭矛盾，那就是一种玩世不恭、不负责任的态度。如果一个家庭没了信任，双方就会在猜测中度日，这样的日子真的难以想象。做任何事的基点都是信任，因为只有信任才会有不懈的努力；有了信任才会有顽强生活的勇气；有了信任才会携手与共；有了信任才会有两颗心灵撞击的火花；有了信任才会有心灵的共鸣……没有信任取而代之的将是猜测，将是内耗，将是敌视，将是一拍两散，更有甚者，将是监狱或死亡。

信任是维系夫妻关系的基础，也是制造一切和谐因素的基础。信任又不是凭空而生的，首要的是双方必须在平等的前提下才能言信任，任何一方想高于另一方，都是徒劳的，都不可能建立起相互信任的平台；其二是双方都必须有爱心，才会使信任长久不衰，不然凭三分钟的热情，很难使信任延续下去。只有具备了这两个基本的条件，才能谈信任，那么如何鉴别信任的可信度呢？笔者认为最好的办法是交给时间检验，真假善恶时间辨。不论是什么，只有放到时间的长河中才能检验其真伪，信任也一样。

在家庭中信任是必不可少的，多一份信任就会少一份猜测，愿我们的每一个家庭信任多多，幸福多多。

再多一点理解和信任不好吗

再多一点理解，再多一点信任，我们的家庭和夫妻关系会更融洽和幸福。

夫妻俩幸福快乐地生活着，白天在外边上班，晚上回来享受天伦之乐。妻子林一直都认为自己是世界上最幸福的女人：张绝对是新时代的模范丈夫，烧得一手好菜，每天早上起来总会做一个林最爱吃的鸡蛋煎饼，然后热上一杯牛奶。

张的妈妈要来城里看儿子，要住上一阵子，并再三要求承担家务。看着儿子在外边上班挺累的，婆婆随即对儿媳产生了一些不满的情绪，心想烧菜做饭是女人的天职，媳妇真是被儿子给惯坏了。

之所以再三要求承担家务，一是实在不忍心儿子一天到晚那么辛苦，二是有意做给儿媳看。于是，林爱吃的鸡蛋煎饼没了，换成了婆婆煮的大米稀饭；原来自由的二人世界没了，换成了整天被婆婆唠叨的场面，尽管大多时候也是出于好心。

这一些变化让林有些难以适应，吃不惯婆婆煮的大米稀饭，更不习惯累了一天回到家里还要听老人家的唠叨。大多时候她还是忍着，但她和老人家之间还是免不了产生一些摩擦，而张所能做的永远只能是在妈妈和爱妻之间和稀泥。

早上醒来，林洗漱完后，懒洋洋地坐在餐桌前，接着又看到了大米稀饭，婆婆那期待的眼神又迫使林强忍着去尝试。这一次，林不知为什么再也咽不下去了，她慌忙进了洗手间把刚刚喝进去的又吐了出来。婆婆被儿媳妇这种行为气坏了，随即便夺门而去。张对林发了火，丢下林一个人便追出去了。

婆婆回乡下了，夫妻俩开始了冷战。林这几天一直都感觉不太舒服，心里不停埋怨丈夫的无礼，于是一个人去了医院检查身体。

结果让林怎么都没有想到，她怀孕了……原来那天早上是因为……林更觉得委屈了。巧的是，夫妻俩居然在医院里碰到了，而两个人此时却是行同陌路，随意地打了个招呼便各自离开了，尽管他们住在同一个屋檐下。

张在医院里碰到林之后，作出了一个看起来更加过分的决定，和林分居，而且还分开了两人所有的日常生活用具。几乎每个夜晚都独自一个人外出，有时候很晚才回来，而每一次都带着一些东西。

一晚，张提出要一笔数目不小的钱。这让林更加怀疑自己的丈夫在外边有了情人，此时她心中充满了委屈和怨恨。张接过钱后居然又一次冷冰冰地外出了。

深夜了，张一个人在房间里翻箱倒柜的声音惊醒了隔壁的林，林越想越气越恼，从床上爬起来就准备到张的房间里兴师问罪。

推开门，林惊呆了。整个房间里堆满了婴儿的玩具和营养品……而张此时有气无力地躺在床上，旁边桌子上放着一张病历。

林激动得一把把满头大汗的丈夫揽在怀里……

再多一点理解，再多一点信任，我们的家庭和夫妻关系会更加融洽和幸福。

爱她，就信任她

爱应该是建立在彼此信任的基础上，过分猜忌只能拉开彼此心的距离。

经常从她的言语中，知悉了那距离的美、思念的美、执著的美，总是那么令人羡慕。虽说一个人的时候有些孤单，但有那么一份思念、一份向往、一份深情时不时地在脑畔荡漾，不经意间总会流露，那该是一份多么缠绵的爱啊！

总说夫妻不宜长期两地分居，总希望能朝夕相伴，于是你鼓励着要她奔向你的怀抱，她是那么义无反顾，而不曾想她要为此所付出的代价。一边是久居的亲人、孩子和相对稳定的收入，而另一边是深爱的丈夫。选择往往是痛苦的，鱼和熊掌不可兼得，有得到必有失去，有失去必有得到。舍不下年幼的孩子，舍不下一手经营的事业，为了明天更美好，为了团聚，她一往无前地跨出了坚毅的脚步。其中付出的艰辛，思想上的斗争，又有谁能够了解，但愿你懂了。

她来到了你的身边，带着一份欣喜，一份牵挂，几许不安，不知道等待她的是什么，只知道有你一切都会美好，因为你是她的山，她的港湾。可以想象，她偎依在你的怀里，共同吹灭那生日的蜡烛，品味美味的蛋糕，庆祝这些年来很少在一起共同度过的生日，那场景真的很甜蜜。夜深人静的时候，静静地体味人间的欢娱，默默思念远方的娇儿，手牵手共同面对明日的朝阳。

可曾几何时，她变得心事重重，你甚至很少听到她的笑声，她说她担心工作，她说她有些水土不服，她说她有些想家，可那些只是表面文章而已。你以为你可以开导她，你以为只是开始阶段需要适应，可是那越来越沉重的气氛压得令人窒息。

她说她害怕，害怕你猜疑的目光，害怕这两个字她冲口而出的时候令你震惊，真是心惊肉跳，你可是她身边最亲近的人，不知道从什么时候起，她居然会害怕。你很不安，不知道该用怎样的方式来帮助她，又不知道是否应该插手管这件事，你有些茫然，不知所措，你发现你居然是那么的爱莫能助。

爱应该是建立在彼此信任的基础上，过分猜忌只能拉开彼此心的距离。我不明白，曾经是那么令人感动的一份深情，怎会突然之间消失殆尽，取而代之的是疑问。她还爱你吗？应该是，可为什么她会害怕？你还爱她吗？应该是，可为什么对她要表示怀疑。

也许分开的时间太久，让你们现在在一起反而有些不适应，没有了相对自由的空间，彼此离得太近，有些情感反而淡漠了，视而不见了。应该是爱着的，曾经是那么幸福洋溢的表情，你还历历在目，让人心生嫉妒的爱意还萦绕耳畔，那歌声里充满了柔情。

距离真的产生美吗？还是分离太久，彼此间缺少了某种谅解，好好地交谈一下吧，开诚布公地把心打开，说出她和你内心最真实的想法，彼此间互敬互谅，因为你们原本就是冲着同一个目标而来的，为了家，为了将来，学会体谅对方。

请你试着多关心她一点好吗？因为她为你放弃了好多，她冲你而来，只因你的肩膀是她的依靠，你的深情是她的追求。瞧，她的手因水土不服长满了冻疮，红红地干裂着，一看就让人心疼。为了你们共同的将来，她努力工作着，承受着非常人能够承受的种种压力，接受一次次的失败，一次次生冷的拒绝和一次次没有结果的付出。请你紧紧地拥抱她一下，给她一个甜蜜的吻，一个亲切的微笑，我想那已经足够，一个小小的举动给她带来的绝对是源源不断的动力。

所以，请你不要狐疑地发问，因为此刻的她是脆弱的，一不小心触碰，会将她伤得很深。她是一个女人，更是一个母亲，有多少不舍，有多少眷恋都为你而搁置。她为你坚强，迎接明日里不知多少艰巨的挑战，她付出了多少勇气，你知道吗？

她的要求并不高，只要你一个肯定的眼神，只要你一句信任的话语。请你试着从她的角度更好地了解她，请你用依旧灿烂的笑颜面对她。其实这一切做起来并不难，因为那都是驾轻就熟，原本就反复操练的东西，只是要你多说一次，多做一遍而已。身在异乡，有多少的不安，有多少的忐忑，一切的一切只要你一句轻轻的话——我爱你。

爱她，就请你信任她。

爱她，就请你给她一个轻松的环境……

宝宝，我爱你

认识自己，改变自己，我们的感情会是全新的。宝宝，我爱你，再不会让你为我难过了。好好珍惜你，珍惜我们的爱，珍惜我们的白首之约，美好的日子就在现在。

宝宝睡了，听到他轻轻的酣声，我知道今晚他一定睡得很香，这两天我俩都太累了，尤其是他，被我丰富的"想象力"和"报复"折磨得精疲力竭。

中午看到他在掉眼泪时，我假装没看到，后来还笑话他是在演戏。当时我只是觉得因为这次谎言，我再也不会相信他，也不会给他改错的机会，他骗我的事实怎么能够改变呢？我被伤过了的心怎么能改变呢？我是一个总抓住过去不放的人，因此，我沉浸在巨大的痛苦中。

其实宝宝知道我这个缺点，也很体量我，整天小心翼翼地照顾我的感受。他越是这样，就越强化了我这种病态的心理。只要我一闹，他就会来哄我，就会对我越好。于是，在家我就成了皇帝，他就成了一个卑微的侍者，终日诚惶诚恐地随时等待我下达"命令"，我呢，稍有不满就会对他大发雷霆，而他也从不为自己辩解，一味地听从。

每当我看到他这个样子，很心疼，也有些伤感，我以前欣赏的宝宝哪里去了？其实我应该知道这是因为他太在乎我了，太害怕我生气了。他常说他心疼我，怕我气到了自己，伤了身子。为此他失去了自我。现在，我在这里写下这些并不容易，也许是在夜深人静时，人才能清楚地认识自己。这也要感谢今天下午陈老师对我和宝宝的点化。

昨天上午上课时，她一眼就发现了宝宝脸上的伤，中午吃饭的时候悄悄问我是不是我干的，当时我还很"得意"地说"是"。因为我和陈老师以前没有过很深入的交流，没太深的交情，她就没多说什么。

今天下午下课时，她问我是否可以搭我车送她一程，因为是顺路，我没想太多就欣然答应了。出了教室我告诉宝宝陈老师要搭顺风车，宝宝说他知道，我上课时他们已经聊了一会儿了。上了车，陈老师又问我是不是这两天和宝宝闹矛盾了。这时候，我才知道陈老师是"有备而来"。在宝宝和她单独聊天时，已经把这两天我们闹矛盾的来龙去脉都给陈老师说了。

陈老师是位资深的心理咨询师，经常处理一些夫妻之间的问题。在他们聊天时已经帮宝宝找到了我和宝宝之间产生矛盾的原因，指出宝宝应该注意的地方，对宝宝很有启发。

后来我才知道，宝宝在我睡午觉时就萌发了要去进行心理咨询的想法，并在网上搜索心理热线，但没找到相关的电话。谁知下午他就找到陈老师给我们进行了一次免费的心理咨询。一路上，陈老师给我讲了很多，我记不太清楚了，我印象最深的是让我要学会爱人，因为爱是相互的。我点头表示赞同。

以前我一直认为我很爱宝宝，所有的生气、忌妒都是因为我在乎他，是我太爱他了。可听了陈老师的话，以及晚上静静地思考后我发现，我根本就不懂爱，不会爱。夫妻之间最需要的是信任、宽容，可我最缺少的就是这个。整日对宝宝捕风捉影，无中生有。我根本就不知道我这样令宝宝有多痛苦，而自己还在扮演一个"受害者"。

现在我敢于把这些写出来，是因为我认识到了自己的问题，我要解析它、面对它、解决它。我爱宝宝是千真万确。宝宝也很爱我，要不他不会为我忍辱负重。但如果我继续执迷不悟的话，我一生的幸福一定会葬送在自己手上。我说过我要珍惜宝宝，珍惜我的幸福。现在我必须重新学习如何去爱。那就是要学会信任他，尊重他，即使他有了小缺点我也要包容他。就从现在开始吧，爱可以重来，认知可以改变。

　　宝宝，相信我，我以后再不会无事生非了。认识自己，改变自己，我们的感情会是全新的。宝宝，我爱你，再不会让你为我难过了。好好珍惜你，珍惜我们的爱，珍惜我们的白首之约，美好的日子就在现在。

信任

是最基本的处世之道

彼此信任

人之相知，贵在知心

信任是一种体制

信任可以营造融洽氛围

相互信任是最美丽的心境

信任的魅力

信任是最基本的处世之道

信任与付出

与信任拉近距离

彼此信任

秘书和老板之间，如果彼此信任，工作中即使出现矛盾也容易解决，反过来则有可能"无事生非"。

刚来公司的时候，珍珍只会打字、接电话，英语水平一般，对保险投资业务一窍不通。而现在，除了一般的秘书工作外，珍珍兼做公司的翻译、出纳，对公司的业务很熟悉，是老板名副其实的助手。

珍珍能有今天，得益于进了小公司。听说，不少大公司分工很细，秘书只能接接电话、打打字。珍珍这儿不同，只要肯干，总有机会做你没做过的事。

珍珍是个闲不住的人，刚来就把许多人不愿做的事揽了下来，擦桌子、扫地，端茶、倒水，从没有觉得这些是分外的事，反正有事干她就高兴。珍珍不聪明，但很勤奋。比如接电话，不仅简单地作记录，而且把对方的意图领会清楚，如果是替老板"传话"，也希望不断搞清楚他的工作思路。时间一长，珍珍对公司的情况越来越了解，工作越来越顺手了。

珍珍说，秘书和老板之间，如果彼此信任，工作中即使出现矛盾也容易解决，反过来则有可能"无事生非"。人都有不高兴的时候，老板也如此。因为秘书对老板工作以外的生活并不了解，偶尔出现小摩擦很自然。比如，某天老板心情不好，他带着秘书和对手谈判，谈判中，秘书发现他用词有误，好意提醒他，老板却不领情，大发雷霆，认为当众伤了他的面子。再比如，秘书为老板约定了到某公司会谈的时间，但因对方没有安排好，让自己的老板空跑了一趟，老板当然很生气，通常会认为是自己的秘书没做好工作。

要避免这些麻烦，方法只有一个，让老板信任你。平时，秘书要兢兢业业地工作，不管老板在与不在，都一样认真地工作；要让老板了解到，他交办的事，你会不打折扣地完成，这其实表明了你对老板工作能力的信任。老板对秘书信任了，遇事就不会马上怪罪下来，而会多了解了解原因。珍珍很幸运，能与老板彼此信任，工作合作得很愉快。

去年，政府批准了珍珍所在的公司在中国经营保险业务，这次只批准了七家，是从世界八十多家想在中国发展的同类公司中选出来的，一个国家只允许来一家公司。这是很高的荣誉，成功中有珍珍的努力，珍珍觉得很高兴。

珍珍在外企当了七年秘书，她的经验是：1. 不要忘了你是谁——秘书是老板的助手，任何时候都不要替老板作决定。2. 过分亲密使不得——不要以为和老板熟，就能随意向他打听私事；所开的玩笑，不要有损老板的尊严。3. 修饰打扮别"过火"——秘书代表着公司的形象，衣饰要典雅大方。

人之相知，贵在知心

人之相知，贵在知心。人之相处，贵在诚信。

"姐姐，你借给我五千元，我要急用，明天这个时间我来拿。一星期后保证还。"表妹在电话那边很急切地说。

已经不知这是第几次了。

表妹是做生意的，有时用钱很突然，用就是急的，就好像我这里是银行随时给她准备着钱。的确，用个三五天，再到银行贷款是不方便。可我到哪儿弄钱去？工资本来不多，每个月省吃俭用才勉强够花。可这种至亲又不能不管，只得去求助于好友们。一个不行两个，不论找到谁，都很痛快。钱凑够了，打电话叫表妹来取，反复叮嘱要按时归还，否则以后无能为力了。

她倒也自觉，能按时归还，我再及时还给朋友。

生活中像这种借钱仅凭一句话的事太多了。记得我家买楼的时候，虽说只有五万，可当时我们所有的积蓄还不到三分之一，其余全都是找好友借的。借钱之前，先打招呼，然后按对方所说日期去拿，多则上万，少则一千，没有一个人要求写借条凭据之类的，也没有一个规定还钱日期。激动之余，我也感慨万千：手里拿到的何止是钱，更是朋友们的心啊。面对着沉甸甸的信任，我们经过几年的努力都如数归还，而和朋友们的感情也日益深厚。近两年我们的经济状况略有好转，也有不少向我们借钱的，虽说数目不多，可每一分钱都凝聚着自己辛劳的汗水，所以分外珍惜；可尽管如此，只要人家张开口了，我们总是很痛快地向外借，自然对方也是尽快归还。

借钱还钱在毫无凭据的情况下，借去还来的其实都是双方彼此信任的心。

又何止是在钱的问题上需要信任呢？人与人之间的感情不更是如此吗？

我们夫妻俩自从结婚后就分居两地，虽说不是很远，可丈夫隔三差五不回家也是常有的事。每每说起这事，同事们就开我的玩笑：要小心啊，看紧点，别让他红杏出墙啊。我总是一笑回之：如果他是那种人，即使天天在一起也防不胜防；不是那种人，即使天各一方也如在身旁，何须设防？

人之相知，贵在知心。人之相处，贵在诚信。

信任是一种体制

"信任"必须是一个社会普遍接受的"体制"才行，如果一个社会以"怀疑"为优先原则，那就会弄得整个社会草木皆兵，人人自危，结果是所有的人都互相不信任。一个人与人之间互相信任的社会，要比一个人与人之间互相不信任的社会要健康得多，我希望我们也能生活在一个人与人之间"信任优先"的社会里。

在怀特岛的时候，我们住在 THE HARROW LODGE HOTEL，第一天入住的时候，我们需要发票，招待员 David 说他不能给我们开发票，只有经理可以，不过没有问题，第二天早餐前，经理会来把发票开好，我们只要到柜台来领就可以了。第二天，我们出门前路过大厅，果然，发票已经静静地躺在柜台上了。不过，David 热情预告的只有经理可以开具的权威发票，竟然是一张计算机打印的普通纸片，纸上除了饭店的名字、地址、电话，其他都是手写，除了经理的手写签名，上面没有任何公章、私章一类可以作为防伪标记的信息。

这样的发票谁都可以伪造，因为伪造它几乎不需要任何技术。英国人使用这种毫无防伪措施的"发票"，不怕别人伪造吗？他们不怕，至少看起来，他们并不害怕。

为什么呢？在英国社会里生活，有一点让人感慨，我权且把它称做"信任优先"吧，我觉得这是英国社会生活的重要机制。什么叫"信任优先"呢？在没有证据表明你说的是假话，也没有证据表明你说的是真话的时候，社会选择相信你说的话是真。比如我在剑桥的时候，进出学院和大学的图书馆时，我告诉管理员和门房，我说我是这里的访问学者，他们几乎无一例外地相信我说的话，并不要求我提供证明。这个原则和法律上的"无罪推定"很相似，只要没有什么证据表明你是假的，那么你就是真的。这是英语社会的一个普遍原则。我在新加坡的时候，也有这样的体会。南洋理工大学对教工免费开放的设备，比如体育设备，大多数情况下学生也可以用，但是，学生常常是要交费的，这个时候，谁是教工谁是学生，身份的区分就变得比较重要了。我是一个性格大大咧咧的人，常常忘记带教工卡，但是，我每次口头告诉管理员我是学校的教工，他们无一例外地相信了，都让我免费进场。

这个原则和汉语社会非常不一样。汉语社会采取的是"有罪推定"，你如果不能证明你是好人，那么你就是坏人。汉语社会里有"嫌犯"一词，什么意思呢？"尽管我们还没有证明你犯了罪，但是，只要你有犯罪嫌疑，就已经是'犯人'了（当然，近年也有学英语说法，称嫌犯为'嫌疑人'的，有点把嫌犯当'人'看的意思）。"泛化开去，也就不难理解中国人为什么会说"众人皆浊，唯我独清"了，那意思是，你们都没有证明自己是好人，所以，你们都是坏人。中国人为什么喜欢安装防盗窗、防盗门？中国城市居民大多数住在一二三层楼的人家都装这种东西（把铁栅栏安装在窗户上，把家弄得跟监狱一样）。我所在的一个中档小区，一户业主为了装防盗窗还和物业公司吵架。因为物业公司在周边围墙上安装了防盗报警器，可以说围墙和报警器加起来，已经有了一层保护措施了，住户没有什么必要再装防盗窗了，为什么这户住户还要装呢？因为他觉得，社会上所有的人都不可信任，他的邻居也不值得信任，除了他自己，他不信任任何人，他只能把自己囚禁在防盗栅栏里。中国人对别人采取的是"怀疑优先"，如果你不能证明你是诚实的，我首先要怀疑你是不诚实的。

英国社会不这样，他们的房子大多都是临街的，没有围墙，也没有红外线防盗设备，但是，他们都不装防盗窗，因为他们采取"信任优先"的原则，他们愿意相信别人，在没有怀疑别人的理由的时候首先采取对别人信任的态度。有人说，那可能是因为英国的社会治安好吧，他们那儿没有偷盗，所以，不用装防盗窗。我说，非也。我在国内搬过五处房子，每一处都没有装防盗门窗（我的邻居几乎都装了，在这些邻居中，我的房子是很突兀的），但是都没有出现被盗现象。我们的治安未必比英国坏，何以我们这里家家户户都装防盗门窗？是我们的"怀疑优先"在起作用，我们除了自己不信任任何人。其实，防盗门窗并不能降低盗窃案的发生率，它的结果是逼迫所有家庭都装防盗门窗。一家装了，就意味着周边没有装的人家更容易成为小偷的目标，他们也就非得装了。而家家都装的结果是，小偷必须提高偷窃技巧，适应防盗门窗，这一点对于专业偷盗人士来说，并不是什么难事。

在英国的公路上开车，常常会碰到路边有一些无人看管的摊位，上面放着农家自产的水果、蜂蜜，过路的汽车可以自己动手拿，然后按照说明，把钱放在罐子里就可以了。英国社会，人与人之间的信任度非常高。

由此，我们会看到，"信任"必须是一个社会普遍接受的"体制"才行，如果一个社会以"怀疑"为优先原则，那就会弄得整个社会草木皆兵，人人自危，结果是所有的人都互相不信任。也因为这种不信任，社会成员之间，就没有必要坚守诚信原则了，因为一个诚信的人和一个不诚信的人，他们的社会处境是一样的：他们同样受怀疑，无论你是否诚实，你都要被首先看成是不诚实的。也就是说，诚实的人得不到正面的奖赏和肯定，相反他总是被当做不诚实的人而受怀疑。在一个充满怀疑的社会里，怀疑的空气占上风，不信任占主导，诚实就显得没有正面价值了：一个认为自己周边的人都是坏人需要事事提防的人，他有什么动力去成为一个好人呢？

英国社会的情况是反过来的，因为人人都享受被信任的好处，人人都很珍惜这份被信任，所以，信任进入了良性循环：信任让被信任的人更值得信任。

其实信任是一种相互传染的信念，关键看氛围。我在中国的时候，和朋友约会，一次，我大概要迟到二十分钟左右，又忘记带手机了，不能通知他，只能默默地往约见的地方赶，等我赶到那里，我的朋友已经离开了。我和他是朋友，我们之间应该有信任，可是，有些信任我们却在丧失，比如，一个朋友他一定会来的信念。我不是在责怪我那个朋友，他没有等我也不是他的错，毕竟我迟到了是错误的，但是，如果我们超越这件事情，我们会想到在我们的人生中也的确丧失了很多东西，比如某种信任——我相信我的朋友他一定会坚守自己的诺言来和我碰头等。相比较而言，我到剑桥的第二天，要和一个月前约好的一位英国朋友见面，我们约在一天的上午十点，在三一学院对门的一家书店见面。那天下着小雨，我从 MILL 路步行去三一学院，沿途问路，耽搁了时间，我到的时候已经迟到半个小时了，但是，那位英国朋友还在那里等我。我当时是非常感动的，她其实可以不等我，因为她的办公室就在附近，我也知道她的办公室电话，但是，她就那样在雨地里等着，她似乎一点也没有担心我会失约。

她为什么会这样等下去呢？其实，她不是出于对我这一个人的信任，我和她并不熟悉，之前从没有见过面，只是在网上通信，她其实是怀着一种普遍的信任感在等我，在她的意识中，她是相信每一个和她约见的人的，她相信他们一定会来，一定会守信，所以，她也要守信地在那里等下去。对于这样的朋友，我该怎样对待她呢？我希望做一个完全值得她那样信任的人，我也将无条件地信任她。

回到我们的话题上来，我想说什么呢？一个人与人之间互相信任的社会，要比一个人与人之间互相不信任的社会要健康得多，我希望我们也能生活在一个人与人之间"信任优先"的社会里。

信任可以营造融洽氛围

　　信任是一种弥足珍贵的东西，没有人用金钱可以买得到，也没有人可用利诱或武力争取得到。它来自于一个人的灵魂深处，是活在灵魂里的清泉，让心灵充满纯洁和自信。

　　有位刑警朋友，说文化，只是个中专；讲资历，由部队转业警龄仅有五年；论智商，只能算中等偏上。可从警几年来，在侦破多起大案、奇案中，屡次立功受奖。当我问起他有什么锦囊妙计时，他平淡而真切地回答说，在侦破案件过程中，有时会碰上无法料到的难度和险情，但一想到领导的信任、同事的鼓励、群众的期盼，便胆识骤增，有了一股使不完的劲，信任有着不可估量的神奇力量。

　　这位朋友的所为，给我以深刻的启迪：信任是一种弥足珍贵的东西，没有人用金钱可以买得到，也没有人可用利诱或武力争取得到。它来自于一个人的灵魂深处，是活在灵魂里的清泉，让心灵充满纯洁和自信。

　　在我国几千年的文明史中，历来非常重视一个"信"字。孔子说过："民无信不立。"美国作家威斯格特说："倘若你迟迟不肯信任一个值得信任的人，那么永远也不能获得爱的甘甜和人情的温暖，你的一生也将因此而暗淡无光。"确实，"信"对自己是立身处世人格修养的要素，对他人则是一种尊敬、讲礼貌的态度。时下，无人售票、自选货柜、开架售书等方式之所以受人欢迎，很大程度上是因为让消费者享受到了一种被信任的满足和方便。

信任看似无形，人们难以用手触摸，却只能从日常交往中感觉它，人们难以用眼辨知，而能随时光流逝去体验它；信任又是有形，一种无言的默契，一道赞许的目光，一声诚挚的问候，一次患难的相助，一个关键的发言……信任是心与心的交换，信任是灵与灵的相契。

拥有信任，可以消除人与人争斗的迷雾；拥有信任，可以将人的创造力开掘得最为充分；拥有信任，可以营造一个上下级平等融洽的氛围。

信任是在平等和尊重的基础上产生的，如果我们大家都用真诚构建起相互信任的桥梁，那么我们的社会就会更加纯洁、温馨、美好！

相互信任是最美丽的心境

互相信任是人类最美丽的心境。

我曾经在电视台制作节目，有一次为了拍摄节目去走访尼泊尔的山区。摄影队来到海拔一千五百公尺的村落，村落里不但没水没电，连车子可以行走的道路都没有，他们雇用十五个脚夫帮忙抬道具，带着简单的行李上山，其余的东西必须舍弃。

在崎岖的山区辛苦地进行拍摄工作，每个人都累得满头大汗，这时候，他们看到一条小溪，溪水清澈透明，冰凉舒服；听到潺潺水声，第一个闪过脑际的念头是把啤酒放在溪水里冰冻，喝起来肯定透心凉。

可是啤酒在哪里？当初在加利可德，也就是道路的终点站，大家讨论的结果是决定带着昂贵的威士忌上山，又便宜又笨重的啤酒早已经被他们舍弃了。

村子里一个名叫契多利的少年通过翻译告诉他们："我愿意到加利可德帮你们买啤酒。"他们又惊又喜，可是路程实在太远了，心里有点犹豫。少年说："没关系，我走得很快，天黑以前一定回来。"

契多利带着钱和小帆布袋上路了，果然当夜幕低垂时，他在众人的鼓掌声中带着五瓶啤酒回来了。

隔天，契多利问他们："还想不想喝啤酒？"昨天晚上那几瓶啤酒的滋味还萦绕在脑际，可是实在不忍心再劳烦这个小孩。

契多利很热心地说："今天是星期六，明天星期日也不用上课，我可以帮你们买一打。"一打啤酒的诱惑实在太大了，他们就把更多的钱和一个更大的帆布袋交给他。可是那天晚上契多利没有回来，是不是发生什么意外了？他们担心了一夜。

第二天早上向别人打听消息的时候，村子里的人都说："别傻了，一个小孩忽然有了那么多钱，他还会回来吗？"契多利的父母住在另一座村庄，必须爬过一座山才能到达，他是寄宿在这里读书的。

到了晚上，他还是没有回来。星期一早上，他们觉得有责任去向学校老师报告，没想到老师也说："不用担心了，他一定是拿着钱跑回父母家去了，不会遇到什么危险。"

他们心里很后悔，不该用钱引诱一个小孩子，毁了他纯洁的心灵。就在那一夜，很晚很晚的时候，他们听到一阵轻微的敲门声。

打开门，契多利站在门外，衣服褴褛不堪，身上都是泥土，还有好几处擦伤。他说："加利可德只剩下一瓶啤酒，我翻过四座山到另外一个村庄去买，半路上不小心跌倒了，打破了三瓶。"

他把瓶子的碎片和找回的钱交给他们，自己则像一个做错事的小孩低头站在一边。几个大男人掩面痛哭，他们的眼泪，除了被契多利的行为感动，大概愧疚、亏欠的成分比较多：当他跋山涉水来满足自己奢侈的欲望时，为什么怀疑他，为什么误会这样一个善良而又纯洁可爱的心灵？

我深信，互相信任是人类最美丽的心境。

信任的魅力

　　人被信任也是一种幸福，同样，被别人信任更是对自己的人格的一种赞誉与肯定。

　　朋友之间可以因为互相信任吐露心声，同事之间可以因为互相信任共同举杯，爱人之间可以因为互相信任减少好多争吵和矛盾，当别人需要拯救而想起你时，那是对你真正的信任。

　　经常会听见这样的话：这个年头，我谁也不相信，只相信我自己！不知道这是社会进步的必然，还是人类文明的结果，反正听了以后心里总不是滋味。真的是这样吗？难道人与人之间竟然连最起码的信任都不能拥有吗？问一问自己，问一问身边的朋友，就知道答案了。孩子信任父母，学生信任老师，职员信任老板，妻子信任丈夫，这些似乎都是天经地义的，可是，我们往往忽略了一点，信任是相互的！在你要求别人信任你的同时，你也要给予别人同样的信任。孩子上学的附近，有一个水果摊，老板是一对年轻的夫妻，每天孩子们放学的时候，他们的摊子跟前都挤满了买水果的人，我经常会看见有人买完水果以后对他们说钱明天送来，出于好奇我问了问他们，不怕这水果钱不送来吗？他们憨笑着说，有什么怕的，这都是良心账，人家也不缺这几个钱啊。听完以后，我沉默了很久，如果说人与人之间没有了信任，只有猜疑和冷漠，那么也就没有今天和谐美好的社会了。后来，我经常去那里买水果，不为别的，只为了他们憨憨的笑容。

人被信任也是一种幸福，同样，被别人信任更是对自己的人格的一种赞誉与肯定。

朋友之间可以因为互相信任吐露心声，同事之间可以因为互相信任共同举杯，爱人之间可以因为互相信任减少好多争吵和矛盾，当别人需要拯救而想起你时，那是对你真正的信任。

多么希望人与人之间多一些信任，少一些猜疑，多一些关怀和爱心，少一些自私和冷漠，当再次听见那句"这年头，我只相信我自己"的话时，我们会嗤之以鼻地反击说："你是多么的愚蠢与可悲啊！"

千万别以自己的某些狭隘和偏激的做法去生活，信任自己，信任他人，这才是我们赖以生存的法则！

信任是最基本的处世之道

　　人与人之间的相处，需要真诚，需要信任。这是诚心结交必不可少的因素。你可以有缺点，你可以不健全，你可以不完美，你可以不说很多话，你可以不做很多事。可是你不要让别人失去了对你最起码的信任。信任是最基本的处世之道。

　　处世很难，是一门大学问。往往看似简单的东西，在某些时候莫名其妙地变得让人不可捉摸。人与人之间的相处，需要真诚，需要信任。这是诚心结交必不可少的因素。你可以有缺点，你可以不健全，你可以不完美，你可以不说很多话，你可以不做很多事，可是你不要让别人失去了对你最起码的信任。

　　一个中国人在飘雪的寒冬独自去日本闯荡。那天，天降大雪，北风呼啸，很冷。他独在异乡，饥寒交加，几乎就要被冻僵了。那是一个朴实的小村庄，里面住着的都是朴实的人。一位老大爷路过他身边，说年轻人你是日本人吗？他说，不，我是中国人。老人说你一个人在这里，应该了解一下我们这里的气候，在这个时候都是很冷的，以后要多穿一点衣服，还有，要记得买一顶帽子，这样你会感觉暖和很多的。老人又笑笑说，小伙子，我这顶帽子先给你吧，可别把自己冻坏了。他是来日本开店做生意的，想什么事情都以一个商人的角度去思考。他说，您是要出售吗？老人说，不，这是我祖传的帽子，我不卖的。老人指指前面的小房子说，我就要到家了，而你可能还要在外面待一段时间，我只是不想让你冻坏了。老人又说，年轻人你要给自己买一顶帽子，明天的这个时候，我来这里，你再把帽子还给我。老人说完就笑笑，走了。年轻人很是感动，一股暖流涌遍全身，他感觉好多了。后来他进了一家卖帽子的商店，上面的标价吓到他了，很贵。第二天，老人如约来到这里，等了又等，年轻人却没有出现。第三天、第四天……天啊，他竟然骗走了老人祖传的帽子，再也没有出现在这里。这个消息很快传遍了小村庄，人们愤怒了。从此，他们以自己最简单的处世方法，谢绝了和这里中国人的来往，他们不再信任中国人。这个年轻人也遭到了惩罚，他开不成店，卖不成东西，没有人愿意理他，同时他也连累了这里所有的中国人。他最后住进了医院，什么都没有了。

信任是最基本的处世之道。不是吗？在人际关系这么重要的世界里，你怎么可以背信弃义？失去了最基本的相处，你还能有什么？我们生活的空间，不管是亲情友情还是爱情，都需要真诚的付出，都需要以诚相待，都不能没有相互间的信任。爸爸妈妈不相信自己的孩子，天天翻看孩子的日记本，导致两代人关系破裂；朋友之间相互猜忌，最真的友谊也变得面目全非；恋人之间彼此怀疑，怎么还能继续下去；夫妻之间不能信任，还能有多少容忍的限度？我们需要诚心面对，需要理解，需要相信。虽然有时候，善意的谎言不可缺少，可是最起码，你自己应该知道，有些原则性的东西不能有任何的虚假。

有一句名言大家应该并不陌生："荣誉比生命更重要。"从某种意义上说，荣誉就是靠信任积累起来的，而生命是一道靓丽的风景，是因为大家在一起的氛围。在你我共处的空间里，请多一点理解，多一点宽容，多一点真诚，多一点信任。大家手牵手走过的历程，是美好的记忆，相信我也相信你。信任无价。

信任与付出

在取得之前，先学会付出。

　　有一个人在沙漠里行走了两天，途中遇到沙暴。一阵狂沙吹过之后，他已经找不到正确的方向。正当快撑不住时，突然，他发现了一间废弃的小屋，拖着疲惫的身子走进了屋内，他发现这是一间不通风的小屋子，里面堆了一些枯朽的木材。他几近绝望地走到屋角，却意外地发现了一台抽水机。他兴奋地上前汲水，可任凭他怎么抽水，也抽不出半滴来。他颓然坐在地上，却看见抽水机旁，有一个用软木塞堵住了瓶口的小瓶子，瓶上贴了一张泛黄的纸条，纸条上写着：你必须将水灌入抽水机才能引水！不要忘了，在你离开前，请再将水装满！他拔出瓶塞，发现瓶子里果然装满了水！

　　他的内心，此时开始交战着：如果自私点，只要将瓶子里的水喝掉，他就不会渴死，就能活着走出这间屋子！如果照纸条上写的做，把瓶子里仅有的水倒入抽水机内，万一水一去不回，他就会渴死在这地方……到底要不要冒险？

　　最后，他决定把瓶子里唯一的水，全部灌入看起来破旧不堪的抽水机里，以颤抖的手汲水，水真的大量涌了出来！

　　他将水喝足后，把瓶子装满水，用软木塞封好，然后在原来那张纸条后面，再加上自己的话：相信我，真的有用。在取得之前，先学会付出。

与信任拉近距离

信任需要什么？信任需要勇气，有勇气面对每一次背叛，有勇气面对每一次受伤，有勇气接受所有的挑战，有勇气能够锲而不舍地继续追求信任，反复地碰壁，却又反复地站起来。

看电视新闻频道，看到一个小镇上，有一间开了半年无人营业的豆腐店，店主只备一桶源源不断的清水对豆腐进行保鲜，然后就在门口挂一个小瓶进行收费。收费的小瓶无人看管，店主只在傍晚去把一天的钱收走。在另一个小镇上，有一个自主贩卖蔬菜的市场，市场里摆几篮子蔬菜，旁边竖个小纸牌，说明这些是一元菜，自己挑选即可，然后往一个小瓶子里装一元钱。在那偏僻的小镇上，人们如此"放肆"也是可以理解的，但在一个城市，有一个女人，总把一台自行车停在路旁，车篮子里装了一堆报纸，夹一张纸条写明报纸价格，如果你要买，往车篮子里放钱就行了。

我印象最深的就是，记者采访那女人的时候，她告诉记者，报纸卖出去的份数与所收回的钱数是相符的，而且如果风大，为防止钱被吹走，还有人悄悄地拿块石头把钱给压得严严的。她结尾那句话是：这些人特好！不知道为什么，那么好！

我们这座城市里，没有这样做生意的人，也没有敢如此做生意的人。我觉得以上事例里的生意人，都是勇士，是心灵的勇士，也是生活中的勇士。在缺乏理解与信任的时代里，能够多一点这样的勇士，我们的世界应该会更加丰盈吧？

马岩松说自己最害怕的事情就是人与人之间的隔膜与不信任。如此一个自信自强的人却把与人的交往看做是生活中一项重要的事情，证明人与人之间的"墙"已经影响了多少人。信任，这是多大的一个难关啊！不是我们不想去信任，而是现在越来越少的人值得我们信任了。我想敞开心胸，却无法容纳世界，我想迎接世界，世界却没有给我希望。感觉上，除了不懂如何去信任人，我们也给自己绑上了一条孤僻猜疑的绳索，对于人与人之间的接触，我们一般都丧失了简单的心！

不知道从什么时候起，我们会对别人的笑进行揣测，对别人的无端接近感到害怕，对身边多了一些陌生的面孔感到担心，甚至因为城市里的治安问题，我们还常常会对身后的脚步声感到恐慌。我们时刻生活在社会中，我们又时刻对社会感到不安。我们做事总会有所顾虑，我们做人总会有所保留，我们有时候甚至也会怀疑自己笑容中的真诚度。

我在现在的单位已经工作五年了，还算是个八面玲珑的人，逢人还能说上三分话，但在单位中却没有什么真正的好朋友。没有用心交心，也确实换不回真心。猜忌，保留，揣测，提防，这些都会把最基本的信任打消，也会把自己彻底地封闭起来，犹如城堡。人变成了如城堡般冰冷坚硬，那是多么恐怖的一件事呀！虽然别人攻不进来，但自己又何尝能够离开呀？

信任，这是离我们多么遥远的内容呀！真的好想去单纯地信任一个人，信任一件事，信任这个社会，信任每一个陌生的笑容……真想，可是，没有勇气！有时候做城堡比做沙堡更容易，至少城堡的坚硬能够抵御风浪每一次的来袭，而沙堡，却顷刻就能消失无踪。

信任需要什么？信任需要勇气，有勇气面对每一次背叛，有勇气面对每一次受伤，有勇气接受所有的挑战，有勇气能够锲而不舍地继续追求信任，反复地碰壁，却又反复地站起来。我真想问一问，如果那些人都不往自行车篮子里放钱，那卖报的人，又会怎么评价这个社会？其实偷偷地说一句，我真羡慕她，因为她遇到的总是好人，所以她能够单纯地信任这个社会，而我们呢？当然，也不是整天生活在坏人堆里，只是，自我保护意识太强了，总想不受伤害，也就总是包裹着自己，不敢开胸怀去接受朋友，因此，我成了懦弱的人！

何时，我才能离信任与被信任近一点呢？

信任

足以改变一个人的一生

每个人都渴望被信任被尊重

假如张爱玲学会"信任"

信任，能打开紧闭的心门

信任的力量唤醒了迷失的心

信任可以唤回一个人的良知

信任的力量足以改变一个人的一生

信任成就全新的局面

信任使人成功

多一份信任，少一份冷漠

你的信任让我感动一生

信任和被信任

每个人都渴望被信任被尊重

事实上，老师一个亲切的微笑，一个鼓励的眼神都会让他们感到无限的温暖，能给他们带来自信与快乐，成为他们学习上进的动力。

在我初为人师时，有两位女学生给了我极其深刻的印象，至今仍让我念念不忘。

第一个她，给我心灵震撼的事情是这样的。

那是我给他们上的第一节语文课，班上的同学个个都举手争着回答问题，她，一个单薄瘦弱的女孩始终坐在那里没有举手。于是，我就点她的名字让她站起来回答问题，她战战兢兢地站了起来，口还没开，就满脸绯红，一副很难过的样子。

"同学们，掌声鼓励鼓励她好吗？"我微笑着对大家说。掌声中，她抬起头，眼睛转向了我，目光里充满了犹豫和顾虑，仿佛在说："老师，我行吗？"

看着她，我微笑着肯定地点了点头。她回答的声音虽不大，甚至有些发抖，声音虽不流畅，但总算把那个问题完整地回答完了。等她回答完时，我又向她伸出两个指头，做了一个字母"V"的手势，她感激地笑了笑。

下课铃声响后，她缓缓走到我身边，涨红着脸说："老师，我想……下节课您还叫我回答问题，好吗？"我惊呆了，不是我感动了。面对她那坚毅、纯真、明亮的双目，我读懂了她的内心。"好吧。""谢谢老师！"她满意地走了。

望着她的背影，此时的我不是高兴，而是沉思，在"谢谢"声中带着自责、内疚地沉思……

事实上，老师一个亲切的微笑，一个鼓励的眼神都会让他们感到无限的温暖，能给他们带来自信与快乐，成为他们学习上进的动力。然而，又有多少学生因为得不到鼓励与肯定变得消沉、自卑，就像得不到园丁的栽培，得不到阳光雨露的幼苗花儿一样枯萎、衰落。而所有的一切，对老师来说都不难做到。你说，对吗？

我们要善用自己的聪明才智，在学生与学生之间架起一座金色的桥，让他们感到学习不是一座高山，而是辽阔的海洋：你可以在海边快活地嬉戏，也可以到深海去自由自在地遨游，甚至可以海底探宝。这，才是我们做教师的责任。

第二个她跟第一个她完全不一样。如果第一个她是天生自卑，那么第二个她就是玩世不恭。只是，她的前后变化使我非常想寻究缘由。

最近的她好像变了一个人。

以前的她是这样的：上课注意力不集中，常对一个方向一盯就是半天，有时还会莫名其妙地笑几声，于是全班同学的目光全部聚集在她身上，而她却不以然地说："看什么看，有什么好看的。"然后以白眼扫视大家，以示她的漠然之态。

天性聪明的她把学习总不当回事，该做的作业不做，该背的书不背。她有一个特别嗜好——只要见到别人的东西就想据为己有——一支钢笔、一块橡皮、一块钱……凡是她能看见的，只要是别人的，无论自己是否需要，她即会产生拿过来的念头。于是班里隔三差五总有人丢东西，有她在，在这个班学生眼中，这一切似乎很正常。自然，班上的学生都对她产生了戒备心理，她成了众学生拒之的孤独者。

现在的她是这样的：一天上午，她发现班里一张桌子的脚边有一张五元纸币。她没有悄悄捡起放进自己的口袋里，而是立即找到失主，并交还给了她。

在一节周会课上，全班同学知道了她的这一变化，都非常惊奇，继而班里响起了雷鸣般的掌声。从此以后，班里再也没有丢过什么东西。她的学习成绩也是直线上升，于是她又拥有了很多好朋友。

究竟是什么原因使她发生了这么大变化？我把她叫进了我的办公室。

"老师，你曾经送我一句话：'你一定会成为一个知错就改的好孩子。'于是每当我想干坏事，每当我不想学习时，我就会用这句话来鞭策自己。"

每个人都渴望被尊重，被信任。作为一名教师，当你送给学生尊重、信任时，就会得到意想不到的收获。不信，你试一试。

事实上，不只是老师对学生要给予足够的尊重和信任，在我们生活中，人与人之间不也应该这样吗？

假如张爱玲学会"信任"

如果你没有超乎常人的"智慧"和洞察本质的"慧眼",请不要无谓地去学习张爱玲。与其费力地为自己上锁,不如敞开心扉,学会信任别人,也学会满意眼下的生活。

"于千万人之中遇见你所遇见的人,于千万年之中,时间的无涯的荒野里。没有早一步也没有晚一步,刚巧赶上了,那也没有别的话好说,唯有轻轻地问一声:'哦,你也在这里吗?'"这段文字从张爱玲笔下诞生后,流经数年,一直是经典。用"精致"来形容张爱玲的语言绝不为过,她的每一个字每一个词都是流畅而谨慎的,比喻句常令人感觉是反复辗转之后的豁然开朗,绝对经得起推敲和磨砺。所以,在这个小资泛滥的年代里,作为小资的集大成者,张爱玲的话不会让人感到陌生。无数的年轻男女在喧嚣的都市中将张爱玲的文字一遍一遍地"咆哮",以为这样就够"小资"够"时髦"了。殊不知,张爱玲最怕的大概就是这世俗的尘烟,她嫌吵……

张爱玲生活的那个年代是新旧文化种种畸形产物交流的结果,也许不甚健康,但也有种奇异的智慧。在这种智慧中生活的张爱玲是否过着开心舒坦的日子,我们不得而知。不能因为她的文字没有任何温情的屏障就妄断她活得很郁闷,但她的"孤立"是显而易见的。为何孤立?因为别人得不到她的"信任",即使她的终身挚友炎樱、她的母亲和姑姑也仅仅是某个阶段某个瞬间让她信任。又有谁敢说她生命中的每个琐碎间隙都是信任她们的呢？至于那个让她第一次有离索的感伤的男人——胡兰成，也许很多人会说，她总该是信任他的吧？当张爱玲见到胡兰成和一个普通女子范秀美一起生活的场面，高傲的她不仅不生气还赞范漂亮，为其作画。这不是对胡兰成的信任是什么？的确，张爱玲不是傻子。但是，她的大方与其说是对胡的信任不如说这是她骨子里"才子佳人"的心态而导致的"自我欺骗"。在张爱玲的观念里，只有胡兰成这样的才子能和她这样的佳人相匹配。终究，她信的只有自己……

　　我想，我是爱这个如鹤般孤独的女子的，但我却时刻提醒自己不要在她的文字里沦陷，甚至为此去假设：如果她的那句"哦，你也在这里吗？"改成"哦，你要一块走吗？"那么这段文字会不会立刻由经典变为狗屎？……回过头，又立刻觉得自己的假设荒谬且幼稚。张爱玲是何等奇女子，又怎会有邀人共走的"俗人"脾气？又或者说，又有谁能走得进她的世界，跟得上她的脚步呢？我想张爱玲是不会，也不习惯去信任别人的，她自动在自己周围加了厚厚的围墙，外面的人进不来，里面的人出不去。所以，她的态度始终是"我站在墙头看，城外一片乱纷纷"。这样的人注定要在清冷里孤独。

　　因为爱这个女子，我总是不可救药地替她假设：假如张爱玲学会了"信任"，那么……假如张爱玲像无数平凡的怀春少女一样，不断信任着周围的人。那么，也许今天的某本教材书会将她的文字归入某一流派一带而过，但"张爱玲"这三个字绝对不会像现在这样富有某种特征。假如张爱玲学会了"信任"，那么她会满意于那种"依附一个男人"的平常人家女子的生活。假如张爱玲学会了"信任"，她也许还会写作，但绝说不出"透支的美好只会让人感到一切都完了"这样犀利的话，那么她的作品也就温柔得趋于平淡了。这样的结果，于当代文学，肯定是重大的损失；于她个人，大概是一种救赎，更可能是一种毁灭……

其实这样的"假设"只是我这个俗人的无聊之举，毫无意义。张爱玲就是"张爱玲"，注定学不会"信任"，注定只懂得听苏格兰士兵吹的bagpipe，而领会不了"生活的艺术"。所以，如果你没有超乎常人的"智慧"和洞察本质的"慧眼"，请不要无谓地去学习张爱玲。与其费力地为自己上锁，不如敞开心扉，学会信任别人，也学会满意眼下的生活。

信任，能打开紧闭的心门

信任，使他完成了从卑微堕落到迈向光明的关键一步。而她与他素不相识，却凭着电波里的声音，轻易地，便击破了他心灵的防线。

信任的力量到底有多大？也许，只是几句坦诚的话语，便能打开一扇紧闭的心门，改变一个人的人生。

这是一个真实的故事。

他是一个杀人犯。为了逃避追捕，躲到了一处深山里帮人种植梨树。每一个惊恐寂寞的夜晚，他的灵魂都会受到折磨。四年来，他没有一个朋友，没有一个可以听他说话的人。后来，他买了一台收音机，把劳动之余的全部时间都送给了它。

他很快便从电波里认识了她。她是一个晚间节目的主持人，她那邻家女孩子一般亲切的话语深深地震撼了他。他记下了她留给听众的短信号码。

2005 年 3 月的一个黄昏，他经过激烈的思想斗争，终于给她留了言：我是个杀人犯，想去自首，你能陪我去吗？她看到短信后心猛地一颤，一下子牢牢记住了这个陌生的手机号码。

以后几天，他又连续发来了多条短信。从他的短信中，她逐渐知道了他的事：因为他的老婆生性风流，与人私通，他一怒之下杀死了那个男人。自知罪责难逃，他便只身逃亡在外。好在他有一手绝好的种梨本领，为了不到处流浪，他靠给别人种梨树以维持生活，整天过着提心吊胆的日子。他说："这样的日子我不想再过下去了，我想去自首，希望你能陪我去，好吗？"

他终于不再仅仅满足于短信交流，而是开始给她打电话。

她听到了一口浓重的陕西方言，他们之间的距离又一次拉近了。她说："还是我给你打电话吧，长途电话费挺贵的。"他说："我怎么能让你花电话费呢？你能听我说话，我已经感激不尽了。"

她问他准备什么时候去自首。

他说："等梨树的第二拨虫药洒过之后就去。因为如果不治了这拨虫，梨树将没有收成，雇主就会损失惨重的。"他激动地述说着，她听着，哽咽得说不出话来。

4月1日的早晨，她还没有起床，便接到了他的电话。这是他已经干了半天活后从果园里打来的。他说："第二拨虫药已经洒过了，等不到第三拨治虫了。我已买好了去北京的车票，明天就能见到你了。"他显得无比兴奋，她也是特别高兴。

他们约好了在她电台门口的传达室见面。

第二天上午10点半，她和两位同事在传达室里见到了他。他穿着胶鞋，一身很旧的牛仔工作服，每个指甲缝里都残留着泥土，憨憨地笑着。他说："我来了。很高兴你信任我，没有现在就带警察来抓我。"

她把他带到附近的小吃店，给他要了两大碗馄饨。看着他狼吞虎咽地吃着，她的泪不自觉地流了下来。

吃完馄饨，警察来了。他把手一伸："来吧，我等这一天已经很久了。"他的脸上无比坦然。他回过头来，又对她说了声："谢谢你！谢谢！"

这是从一档电视访谈里看到的节目。他叫袁炳涛，陕西人。她是中央人民广播电台《神州夜航》节目的主持人向菲。

在采访向菲的时候，我几次看到了她红红的眼圈里闪动着泪光。那是一种被信任而感动的泪花。那一天，我也哭了。

袁炳涛原本是个善良诚实的农民，是偶然失足让他成了杀人犯。他以为自己的世界完全塌了，他已成了一个被所有人不耻的罪人。他的心灵是孤独的、卑微的。可是当他听到了向菲的节目，听到了她真诚的话语，他的心灵又开始复苏了。为了与她交流，他省吃俭用专门买来一部手机，她是他唯一的听众。他将自己的心扉毫无保留地对一个完全陌生的人敞开着。只因为，他信任她。

信任，使他完成了从卑微堕落到迈向光明的关键一步。而她与他素不相识，却凭着电波里的声音，轻易地，便击破了他心灵的防线。

信任的力量到底有多大？也许，只是几句坦诚的话语，便能打开一扇紧闭的心门，改变一个人的人生。

信任的力量唤醒了迷失的心

遇到困难和危险的时候，逃避是最危险、最消极的！而用信任对方的举动，却足以给对方棒喝，从而使其浪子回头，改邪归正。

一位女教师刚当高三班主任不久，班里就发生了一件不愉快的事情，一个学生价值近千元的快译通在教室里丢了。一切迹象表明，偷东西的人就是本班的学生。这位女教师的第一感觉是心里非常难受，为什么这样的事会发生在自己班里，而且是自己刚刚走马上任之时。她当时非常自责，觉得这是自己对学生品行教育的失败。

如何处理这件事，这位老师考虑过许多方法，最终她是这样做的。那天放学前，她像往常一样站在学生们面前，尽管她心里波涛汹涌，脸上却显得风平浪静。学生们似乎都很紧张，神情复杂地看着她，他们在等待老师"破案"。于是，这位老师说："大家都知道了，我们班里发生了一件不该发生的事情，有个同学错拿了别人的东西，我知道他不是故意的，他很后悔。我很了解他，我知道他一定会把这件东西还给同学的。我相信他，我敢用自己的生命打赌，他一定会这样做的！是的，我打赌，从现在开始我不吃饭，等拿错的东西还回去后我再吃饭。好了，现在放学吧。"

学生们都背着书包回家了，没有一个人留下来。

第二天早上，仍然没有人来找老师承认错误，也没有人把东西送回来，当然，这位老师也没有吃饭，可是她依旧打起精神去上课。

第三天上午又是这位老师的课，她的胃里空荡荡的，强烈的饥饿感揪心抓肝，她喝了一杯水，坚持上完了这堂课。走下讲台的时候，她感觉到腿有些发软，头上冒出许多虚汗。学生们都在静静地看着她，目光中充满关心。她知道，这些眼光中一定有一道是愧疚的，她要给他时间。

晚上放学之前，这位老师在自己的办公桌上看到了那个失踪的快译通、一块三明治和一封信。信上写道："老师，谢谢你的信任。我一定会改正错误的。"下面没有署名。她没有再追查这个学生是谁。这件事就这样过去了，这批学生早已经毕业了。她想他也不想让任何人知道这件事是他做的，但她坚信，他再不会这样做了。

后来有人问那位老师，为什么要用这种自虐的方法来处理，如果那个学生真的不交出快译通，你岂不是要饿死。

那位老师说，如果当时当机立断进行搜查，也许那个东西还没有转移，查出来了，胆大的不承认又没证据，怎么办？既要费事费神又达不到教育的目的。胆小的承认了，成了小偷，从此他会永远抬不起头来，而且眼看就要高考了，他的人生将会逆转，这辈子不就毁了。所以，她就用绝食来呼唤、催促那个学生悄悄改正错误。而这个非常之举的前提和力量便是信任。果然，她获得了成功。

遇到困难和危险的时候，逃避是最危险、最消极的！而用信任对方的举动，却足以给对方棒喝，从而使其浪子回头，改邪归正。

信任可以唤回一个人的良知

信任可以唤回一个人的良知。

有个女孩丢了 100 元钱，她知道是班上一个同学拿的，回家问爸爸怎么办，要不要把这件事告诉老师。爸爸说，这样不好，拿钱的女孩以后会抬不起头来。只要信任她，她会把钱还回来的。

第二天老师问起这件事，女孩大方地说："老师，我的钱找到了，是我不小心放错了地方。"

课后，拿钱的同学果真把钱还给了她，十分感激地说："谢谢你这样做。"

这位爸爸非常了不起，他看重的不是 100 元钱，而是一个活生生的孩子。100 元可以害一个人，也可以救一个人。

因为，信任可以唤回一个人的良知。

信任的力量足以改变一个人的一生

一个老师的责任，就是在关键时给这棵幼苗浇水施肥、修枝剪杈，更重要的是给他以信任，信任他不会第二次犯同样的错误，信任他从此能改变自己，让信任成为他向上的力量。

我相信在很多时候，信任的力量足以改变一个人的一生。

有这么个学生，他很聪明，但太调皮了，在我们那个地质队的子弟学校里，算是个赫赫有名的人物，逃学、打架、不及格是常有的事。因此，都高二了还挨他爸的耳光。他爸是工程师，时常因儿子而长吁短叹。

那几天他心神不宁，大热天总是正午里往学校跑，还总是拿着他那根长长的细竹竿儿。当然，这是他的爱好，常常在竹竿儿头上弄些面筋，去粘个小虫子蝴蝶或蝉什么的。所以，谁也不曾在意他。但是，这次他是要粘卷子。那卷子就放在老师的办公桌上。他终于瞅准机会，把卷子粘了出来，一份语文，一份数学。他真聪明，没要物理、化学，也没要外语、政治，只要了他最次的两门。那次他语文考了 80 分，数学考了85 分，两门课在班里都排第三。当时同学们都怀疑他做了手脚，但班主任却在班上表扬了他，说他脑子聪明，又经过这一段时间的努力，终于有了进步，今后只要刻苦用功，就一定会有更好的成绩，也一定能考上名牌大学，还要全班同学为他鼓掌加油。那时候，他趴在桌子上失声哭了。这是他升入高中以来第一次得到老师这么高的评价。

为了证明期终考试是他真实的成绩，为了对得起班主任的信任，他开始发奋努力，天天都学到深夜，就像是换了一个人一样。不久他的成绩就真的跃到了全班第一，到考大学时已经稳居全年级第一了，他考上了矿业大学。这在那时对于一个子弟学校来说已经是不错的成绩了。如今他已是高级工程师了。

那个学生叫 W（原谅我不愿说他的名字），那个班主任就是我。这已经是二十年前的事了。但是，最先说出偷卷子这件事的却是 W，是在他毕业后应邀回母校开座谈会时亲口对师生们说的。他当时先是向我深深鞠了一躬，然后就叙述了当时的经过，他说当时他非常紧张，担心我发现他作弊，担心我像抓小偷一样把他揪出来，却没想到我会表扬他信任他，所以他在课堂上羞愧地哭了。但他从此决心洗心革面奋起直追。他说一生都感谢我对他的信任，感谢我给他的人生翻开了崭新的一页。师生们把目光转向了我。我说，其实我当时完全清楚他没有考第三的能力，而且考完试就发现我保管的卷子少了两份，我断定是他。但是气愤之后再冷静地想想，我看到了他内心向上的渴望。我说："渴望是什么，渴望就是一棵想长成参天大树的幼苗。一个老师的责任，就是在关键时给这棵幼苗浇水施肥、修枝剪杈，更重要的是给他以信任，信任他不会第二次犯同样的错误，信任他从此能改变自己，让信任成为他向上的力量。所以，我没说出来，说出来就要处罚他，就可能毁了他的一生。"

那一刻，好多学生都流下了眼泪。

信任成就全新的局面

信任是一种动力，同时，信任也是一种压力。对被信任者来说，信任甚至是一种荣誉。有多少人，是在为了这种荣誉而战斗呀！

有一个年轻人，好不容易获得一份销售工作，勤勤恳恳干了大半年，非但毫无起色，反而在几个大项目上接连失败。而他的同事，个个都干出了成绩。他实在忍受不了这种痛苦。在总经理办公室，他惭愧地说，可能自己不适合这份工作。

"安心工作吧，我会给你足够的时间，直到你成功为止。到那时，你再要走我不留你。"老总的宽容和信任，令年轻人非常感动。他想，总得干出一两件像样的事来再走吧。于是，他在后来的工作中多了一些冷静和思考。

过了一年，年轻人又走进了老总的办公室。不过，这一次他是轻松的，他已经连续七个月在公司销售排行榜中高居榜首，成了当之无愧的业务骨干。原来，这份工作是那么适合他！他想知道，当初，老总为什么会让一个败军之将继续留用呢？

"因为，我比你更不甘心。"老总的回答完全出乎年轻人的预料。老总解释道："记得当初招聘时，公司收到一百多份应聘材料，我面试了二十多人，最后却只录用了你一个。如果接受你的辞职，我无疑是非常失败的。我深信，既然你能在应聘时得到我的认可，也一定有能力在工作中得到客户的认可，你缺少的只是机会和时间。与其说我对你仍有信心，倒不如说我对自己仍有信心。我相信我没有用错人。"

从老总那里，这个年轻人懂得了：给别人以宽容和信任，给自己以信心和耐心，就能成就一个全新的局面。

是啊，信任是一种动力，同时，信任也是一种压力。对被信任者来说，信任甚至是一种荣誉。有多少人，是在为了这种荣誉而战斗呀！这就是"士为知己者死"的意思吧？

信任使人成功

信任是使人获得成功的必要因素，信任是安身立业之本。一个人如果对任何人都失去了信任，他就是孤家寡人、光杆儿司令，他就会孤立无援、四面楚歌，他就会一事无成、一蹶不振，他甚至会祸国殃民、遗臭万年！

十五年前我去五台山办事，在一家小卖部里买了包方便面以后，向店主人打听哪里有比较便宜的旅馆可以过夜。店主人微微一笑说："如果你不嫌简陋的话，可以住在山上的那所小房子里。价钱好说，你看着给吧。"我说："行，只要能睡觉就可以。"他说："那好，这是房间的钥匙，你自己去吧。"

我接过了钥匙，向上爬了二十多米，来到了那所房子跟前，打开了房门。啊，原来这是他的小仓库。地面打扫得干干净净，货物摆放得整整齐齐。有各种各样的水果罐头，各式各样的点心和饼干，还有各种颜色、大大小小的纪念品。我走进东边的里屋看见青砖砌的小炕上整齐地叠放着三套行李。我心里想：就我一个人？这么多东西在这里放着，主人也够放心的。更令我想不到的是十天以后，在我离开之前到山下的小卖部去交房费的时候，他们一家人还在睡觉。我叫了好一阵子才把他叫醒，他却告诉我说："把钥匙和钱放在窗户下面，用石头压上就行了。"他对我如此信任，我既感到惊讶又感到幸福。

五年以后我作为向导，随着一群富裕起来的农民企业家又一次来到五台山旅游。来到原先的地方一看，那家小卖部不见了，原来的山间小路变成了四五米宽的带有护栏的水泥台阶。顺着台阶往上望去，五年前的那所小房子变成了一栋五层楼的高级饭店！

略微迟疑了一下，我和伙伴们一起走进了大厅。店主人一看是我，满面笑容地把我们迎进会客室，忙不迭地吩咐服务员为我们安排房间。躺在豪华的卧室里，我心里想：真了不起呀！才五年的时间，他就把价值五千元的一间小卖部发展到价值五百万元的高级饭店。他靠的是什么呢？

通过跟其他顾客谈话，我了解到他们这些人也都受到过同样的信任。"他那么信任我们，我们也就自然信任他了。在外面吃住，求的就是放心。到了这里就跟到家一样。所以不但我每次来五台山都住这里，我的朋友们听我一说也都要来这里住。"啊，我明白了，是信任使得他迎来了这么多顾客，是信任使得他的事业获得如此的成功！

信任使人获得成功，那么不信任又会使人如何呢？

三国时代的曹操由于不信任别人，先是误杀了为他摆酒庆功的一家农户，失去了知心朋友和谋师陈宫；后又误杀蔡瑁、张允，失去了吞并东吴的良好时机；再后来竟然误杀神医华佗，使自己的疾病最终得不到治愈。

现实生活中由于缺乏信任而遭受损失的例子不胜枚举。有的学生按照考试后的分数段本来应该在甲学校学习，家长和他本人偏偏不信任这所学校，通过搞关系、托人情、花高价，舍近求远地去名望更高的乙学校学习。结果适得其反，原来入学成绩比他低的在甲学校里学习的那些学生高考考出了好成绩，而在乙学校学习的他却名落孙山。

所以我们说，信任是使人获得成功的必要因素，信任是安身立业之本。一个人如果对任何人都失去了信任，他就是孤家寡人、光杆儿司令，他就会孤立无援、四面楚歌，他就会一事无成、一蹶不振，他甚至会祸国殃民、遗臭万年！

多一份信任，少一份冷漠

如果人与人之间多一份信任，这个世界将少一半以上的冷漠，甚至会少一些罪恶的产生，因为，信任中蕴涵着一种感化内心的力量。

如果人与人之间多一份信任，这个世界将少一半以上的冷漠，甚至会少一些罪恶的产生，因为，信任中蕴涵着一种感化内心的力量。

在一次闲聊中，朋友谈起他一个同学的故事，使我看到了信任在维持人际关系及人类中的重要性。

他曾经是一个小偷，专门在这个城市的大街小巷上转悠晃荡寻机偷窃自行车。

在一个很热的上午，十一点多的时候，他来到了一座百货大楼前面。根据他多日的观察，楼前树荫下常有顾客把自行车停放在那里，无人看管，他就在那里得过一回手。

他找到一个地方坐了下来，掏出一本故事书边看边等待猎物。刚坐下不久，一位年轻漂亮的姑娘推着一辆崭新的自行车，在离他不远处停了下来。他心中不由得一阵兴奋，但还是假装认真地看着手中的书。

"你好！你不会很快走开吧？"很甜的声音。"不会的。"他控制住心跳，淡淡地看了她一眼。"那请你帮我看一下自行车好吗？我上去买点东西，很快就下来的。"她留给他一个真诚的信任的笑容，然后就走了。他却一下子愣在那里，既惊讶于她的纯真，又感动于她对自己的信任，同时，也感到一种前所未有的羞愧。

那天，他帮她看了一个多小时的自行车。她回来时，给了他一个歉意的笑容："在上面碰到了一个朋友，一聊就这么久，想不到你还在这里，不好意思啊，谢谢！""谢谢你。"他一脸真诚地对她说。

此后，这个世界上就少了一位小偷，多了一个高尚的灵魂。

你的信任让我感动一生

她的信任给了我前行的力量，支撑着我走向成功。

中专毕业那年，我在经历了一次又一次的应聘失败后，心中充满了挫败感。那天，我又匆匆忙忙地赶去一家公司面试。快到时，我从路边一家服装店的落地镜子里看到了自己落魄的样子：灰头土脸，一件皱巴巴的外套皱缩在我身上。这哪是应聘啊，分明是上门乞讨的乞丐！

我鬼使神差地拐进了一家服装店，店主是个二十多岁的女孩，她热情地向我介绍店里的服装。看着衣服上的标签，那昂贵的价格像一把大锤，砸得我抬不起头来。在一件藏青色的西装前，我停住了脚。那件西装在衣架上是那样的笔挺气派。女孩看出了我眼中流露出的中意，便取下那件西装，非要我试穿一下。穿上这套得体的西装，一扫刚才的畏缩。我相信，如果我穿着这身衣服去面试，不敢说有百分之百的把握，最起码，我找回了自信。女孩见我恋恋不舍地脱下了这套西装，问："怎么，不合适吗？"我说："不，合适，可我只有50元钱。"可她却说："如果你需要，可以先把它穿走，钱以后再说。"

感动之余，我有些慌乱地掏出身份证说："要不先放到你这儿！"她淡淡地说："我看你是真需要这套衣服，你先穿走吧，以后有钱再给我送来。身份证你留着吧，在这里没有它寸步难行。"在这熙攘的人流中，谁能保证一个没有职业的外地人的信誉呢？我的眼眶红了……

　　那天的应试非常顺利，两天后我就上班去了。现在，我已不再贫穷，甚至可以说很富有了。但我始终忘不了那位与我素昧平生的女孩，是她的信任给了我前行的力量，支撑着我走向成功。

信任和被信任

　　人本善良，当一个人经历了时间和社会经验的洗礼之后，他可以成熟起来，负起应尽的责任和义务，成为可以信任的人，除非他选择了对立的价值观而自甘放弃。所以我们需要宽容，也同样保持一定的警惕，但信任不可或缺，因为被人任信的感觉的确是太美妙了，太舒服了！

　　最近除了工作之外，一直利用业余时间在看书看影视节目，先后读完了《后唐书》和《满城尽带黄金甲》。这两天利用休息时间把买了好久还没看的《越狱》第一季和第二季看看，虽然还没看完，但已经很震撼了，何为政治？何为真相？太复杂了，也不太适合去讨论，仅就人性的角度发表一下自己的见解吧。

　　今天还就第一季与一个长辈朋友交流了一下，我们的观点基本相同，那就是第一季没逃脱暴力和技巧，更像是一个加长版的《刺激 1995》（即《肖申克的救赎》），没法子，太多的情节相同，同样走的是水管，只不过因为人多（《刺》剧是主人公自己，而《越》剧则是八个逃犯），感觉很刺激。不过当弟弟 Michel 想救哥哥几乎功败垂成，当哥哥即将被电刑处死时，那一抱感觉非常真实，有种被冤屈的感觉。而当哥哥因为没有被执行又陷入崩溃的边缘，渴望尽速执行，以及后来他们之间的相互信任，共同打气，为了一个目的，逃出去。执著、果敢、聪明，以及当机力断和处乱不惊的心理表现让人震撼。我不禁想到《孙子兵法》中的"将者，

智，信，仁，勇，严也。"五者缺一不可。其实每一个人在平常时都可以
风度潇洒，人模人样；关键是在一个点上的扶持与坚守，就像曾文祺所
说："为将者能'挥泪斩马谡'是成熟和了不起的勇气。"

发展到第二季的逃亡过程，那个不被信任的小伙子，在一次次面对
诱惑和死亡威胁时开始成熟、沉着，果敢。在被捕之后，FBI 的探员让其
指出同伙所在地时，他想到了那个顺路载他到犹他州的女孩子，来到她
家门前，表白了一切，很有尊严地成为了一个男子汉，让我又想了"蜜
糖"的故事。

人在一生中难免犯下错误，有些是无意识的，有些是没控制住的。
这个社会和世界需要我们去接触和学习的太多了，我们无法被事先一一
告之，即便是事先了解的事情，在不同的时间和不同的环境中又会表现
为不同的结果。世界太复杂了，我们只有坚守住以自我人格为出发点的
那一个信念，相信世界复杂中简单的道理，学着去领悟信任和被信任中
的乐趣和经历。

所谓信任就是那种用简单思维延着法理道义准则所得出的唯一真理。
所以，也许信任只要一个动作就够了；只要一个眼神就够了；只要相互
之间说上一句"你还信任我吗？"YES，也许就够了，无须太多的语言
和掩饰，无须太多的表达和动作。

记得年前和小白在办公室里，她很认真地问我："如果有一个人欺骗
了你，你是否以后在同一件事上会小心。"我记得我当时的回答是"不会，
我会因人而异，就算是同一个人也可能根据事态的严重性和所处的环境
来决定，再给两次机会，让我们之间建立起信任"。现在我也仍然相信这
个观点，人们之间总会有从相识、或误会，到相知、熟悉或信任或被抛
弃的过程。人与人的性格和目的不同，结果也各不相同，学会信任会让
我们找到更多的伙伴来丰富我们的人生，无论何时，在人生旅途上，在

我们的左右，身旁都有让我们可以信任、信赖，志同道合的朋友、亲人、爱人，与我们一起，并肩努力。

　　最后我还要说一句，就像剧中所言："我们是犯人，尽管我们不断努力想洗清我们的罪责和污点，但是我们无法改变我们是犯人。"这句话可能牵强了一些，不过在现实社会中却屡屡应验，我也仍然在这个观点上徘徊，也许在我潜意识里仍然相信，人本善良，当一个人经历了时间和社会经验的洗礼之后，他可以成熟起来，承担应尽的责任和义务，成为可以信任的人，除非他选择了对立的价值观而自甘放弃。所以我们需要宽容，也同样保持一定的警惕，但信任不可或缺，因为被人任信的感觉的确是太美妙了，太舒服了！那种简单和直接无法言表！

信任

是理解和默契的升华

懂得信任，士为知己者死

树上只有一个果子，叫信任

在旅途中的信任

信任也是一种痛

信任是将心比心

信任是理解和默契的升华

信任是一种感情投资

信任是人生的财富

懂得信任，士为知己者死

一个人活在世上，有的时候为了名可以舍利，可以忘生。掌握这一点，对于处理人情关系至关重要，无往不利。只要抠到人的尊严这块"骨头"，他便会无比忠心，愿意死心踏地地为你卖命，这就是所谓的"士为知己者死，女为悦己者容"。

一个人活在世上，有的时候为了名可以舍利，可以忘生。掌握这一点，对于处理人情关系至关重要，无往不利。只要抠到人的尊严这块"骨头"，他便会无比忠心，愿意死心踏地地为你卖命，这就是所谓的"士为知己者死，女为悦己者容"。

有一次，齐威王和魏惠王一起到野外打猎。魏惠王问："齐国有宝贝吗？"齐威王答道："没有。"魏惠王听后得意地说："我的国家虽小，尚且有直径一寸大的珍珠，光照车前车后十二辆车。这样的珠子我国共有十颗，难道凭齐国如此大国，竟没有宝贝？"

齐威王别有意味地回答道："我用以确定宝贝之标准与您不同。我有个大臣叫檀，派他守南城，楚国人就不敢来犯，泗水流域的十二个诸侯都来朝拜我国。我有个大臣叫盼子，派他守高唐，赵国人就不敢东来黄河捕鱼。我有个官吏叫黔夫，派他守徐州，燕国人对着徐州的北门祭拜求福，赵国人对着徐州的西门祭拜求福，迁移而求从归属齐国的有七千多户。我有个大臣叫种首，派他警备盗贼，做到了道不拾遗。这四个大臣，他们的光辉将光照千里，岂止十二辆车呢？"

这段话既是对魏惠王有力的回答，使他羞愧难言，同时更是对自己臣下极高的赞扬。正是通过诸如此类巧妙得当的赞扬，齐威王在笼络人心方面做得非常出色，使一大批诸如田忌、孙膑、淳于髡等杰出人才心服口服，心甘情愿地为其效劳。于是，齐国大治，出现了"坐朝廷之上，四国朝之"的局面。

在现代社会中，这种做法仍很有实用价值。因为人的社会性决定了人需要得到他人和社会的承认与肯定。你发自肺腑，恰如其分地给予赞扬，是对别人热情的关注，诚挚的友爱，慷慨的给予和由衷的承认，必然会起到鼓励的作用和引发感激的心理效应，甚至他会把你当成知己。

仔细想想身在高位之人，要安抚下人如此容易，有些人可真是够"贱"的，受到某个大人物的垂青，便自觉脸上很风光，在人前很有面子，似乎如此一来，自己的身价也便跟着提高了。心里对大人物感激涕零，没有不誓死效忠的道理。

我们中国人的尊严，常常就是面子问题，不给面子或没面子，经常会引起愤怒及冲突。许多人为了面子常做些"打肿脸充胖子"的事，结婚时往往一方面发布"一切从简"，一方面却倾家荡产地"敬治喜筵"，唯恐别人不知，更怕人家不来。因为这一切都与面子有关，心中尽管暗暗叫苦，脸上却要一团春风。

但是，若你能够满足对方的面子问题，你就能够轻易获得对方的好感，甚至是心。

树上只有一个果子，叫信任

友情这棵树上只结一个果子，叫做信任。红苹果只留给灌溉果树的人品尝。别的人摘下来尝一口，很可能酸倒了牙。

现代人的友谊，很坚固又很脆弱。它是人间的宝藏，须我们珍爱。友谊的不可传递性，决定了它是一部孤本的书。我们可以和不同的人有不同的友谊，但我们不会和同一个人有不同的友谊。

友谊是一条越掘越深的巷道，没有回头路可以走的，刻骨铭心的友谊也如仇恨一样，没齿难忘。

友情这棵树上只结一个果子，叫做信任。红苹果只留给灌溉果树的人品尝。别的人摘下来尝一口，很可能酸倒了牙。

友谊之链不可继承，不可转让，不可贴上封条保存起来而不腐烂，不可冷冻在冰箱里永远新鲜。友谊需要滋养，有的人用钱，有的人用汗，还有的人用血。友谊是很贪婪的，绝不会满足于餐风饮露。友谊是最简朴同时也是最奢侈的营养，需要用时间去灌溉。友谊必须述说，友谊必须倾听，友谊必须交谈的时刻双目凝视，友谊必须倾听的时分全神贯注。友谊有的时候是那样脆弱，一句不经意的言辞，就会使大厦顷刻倒塌。

友谊有的时候是那样容易变质，一个未经证实的传言，就会让整盆牛奶变酸。在什么都是越现代越好的年代里，唯有友谊，人们保持着古老的准则。朋友就像文物，越老越珍贵。礼物分两种，一种是实用的，一种是象征性的。

我喜欢送实用的礼物，不单是因为它可为朋友提供立等可取的服务功能，更因为我的利己考虑。

此刻我们是朋友，十年以后不一定是朋友。就算你耿耿忠心，对方也许早已淡忘。速朽的礼物，既表达了我此时此刻的善意，又给予朋友可果腹、可悦目、可哈哈一笑或是凝神端详的价值，虽是一次性的，也留下美好的瞬间，我心足矣。象征久远意义的礼物，若是人家不珍惜这份友谊了，留着就是尴尬。或丢或毁，都是物件的悲哀，我的心在远处也会颤抖。

若是给自己的礼物，还是具有象征意义的好。比如一块石子一片树叶，在别人眼里那样普通，其中的美妙含义只有自己知晓。

电话簿是一个储存朋友的魔盒，假如我遇到困难，就要向他们发出求救信号。一种畏惧孤独的潜意识，像冬眠的虫子蛰伏在心灵的旮旯。人生一世，消失的是岁月，收获的是朋友。虽然我有时会几天不同任何朋友联络，但我知道自己牢牢地黏附于友谊网络之中。利害关系这件事，实在是交友的大敌。我不相信有永久的利益，我更珍视患难与共的友谊。长留史册的，不是锱铢必较的利益，而是肝胆相照的情分。和朋友坦诚交往，会使我们留存着对真情的敏感，会使我们的眼睛抹去云翳，心境重新开朗。

在旅途中的信任

被人信任和信任别人，都是一种非常舒心的感觉。

凌晨三点半，大客车从古城丽江出发，在我认为是我走过的最险的山路上爬了十五个小时后，终于来到四川攀枝花火车站。我要在这里转乘火车去西昌，攀枝花到西昌很近，任何一趟向北的车都经过西昌。

车刚停稳，司机就告诉我们，火车站六点才开门，如果没人接，最好还是在客车里待着，因为火车站很乱，抢劫的很多，而他的车要七点才转场。我望着车窗外，广场上几盏昏黄的灯，几个人影在游荡。

感谢好心的司机，大家都安心地待在车里，我也迷迷糊糊睡着了，迷糊中，听到外面有人号叫，有人骂骂咧咧。一会儿，还有人在哭。那一刻，真感觉车里是天堂。我被尿憋得不行，又不敢下去找厕所，还是忍着吧。大约差一刻六点，司机把大家叫醒，说天已经亮了，火车站快开门了，下车吧。我背着大包小包下车就找厕所。拐了三道弯，交了两毛钱，终于解决"困难"了。我走出厕所，去找售票厅，突然后面有人拽着我的包，我心里一惊，完了，被抢劫的逮住了。扭头一看，是一个女孩子，个子不高，背上背着一个大包，胸前还挂着一个小一点的包（也是那种双肩包），怯怯地说："伊课时可是米，威一是脱衣来特。"我看了她五秒钟，终于明白她也内急。我那时的英语，给她说了半天，她也没明白，我只好带她去，到了门口，她居然把她的两个包全给我，说了句什么，没听懂，不过我明白是让我看包。交两毛钱时，她掏出一张五十元纸币，收钱的女人横竖不收，说找不开，不让她进。女孩子好像要哭，我见状，赶紧掏出五毛钱给她，说："伊拉虎。"她往收钱的窗口一扔，就跑进去了。一会儿她幸福地出来了，向我鞠一躬，连说了好几个"三克油"。我问她要去哪儿，她说她是韩国人，要去西藏，到成都换飞机。她也是从丽江过来的，大约比我们晚一个小时到，到了以后，司机就让他们下车了。她坐在售票厅里等窗口开始售票，两个人过来把她衣服口袋里的人民币全抢走了，幸亏包里还有一些人民币与美元。我问她怎么知道我会说两句英语，还很信任地让我给她看包。她指指我的小包，我一看，原来我的小包上有中英文写的 ×× 大学。她的前男朋友在这个大学学习时，她去过几次，说该大学的学生很友好。我让她给我看着包，挤进去买了到成都与西昌的车票。上车了，我们的车厢不一样，因为我是短途。

人不多，我就坐到她的车厢里。一路上她说着她的见闻，不过我听懂的很少。我告诉她，我在这里考察，本来也准备去西藏的，但时间与资金不够。她说在车上她一夜没睡，因为旁边那个男人故意不故意地总是碰她。我说，你就靠着座椅睡一下吧。她看了我一眼，靠在座椅上，一会儿就睡着了，头居然还歪到我的肩膀上来了。我看着她的脸，有点浮想联翩，到底是我值得信任，还是我的学校？攀枝花到西昌，一个半小时就到了，车快到了，她还靠着我的肩膀在睡，我不忍心推醒她，鬼使神差我没有下车，让她继续睡。她又睡了大约一个小时才醒来，问我到哪儿了，我告诉她地点，她拿出她的地图，我指给她看。她才知道我为了不推醒她，坐过了站也没有下车。她知道我有去西藏的计划，她愿意为我买机票。我很想去西藏，和一个女孩同行，更让我心动。犹豫再三，我还是拒绝了，我时间不够。到成都，我们下车了，我送她上去机场的出租车，她握着我的手说，从攀枝花到西昌，是她中国之行最舒心的一段。我呢，回到火车站，买了回西昌的车票，在西昌下车后，坐上汽车，向泸沽湖方向出发。

被人信任和信任别人，都是一种非常舒心的感觉。

信任也是一种痛

在一个诚信危机的年代，信任弥足珍贵。我们渴望生活在人与人之间可以信赖的社会，可毕竟无法苛求世界的完美。你轻易信任别人可能会受到伤害，当你被别人信任时又可能成为一种负担。

在一个诚信危机的年代，信任弥足珍贵。我们渴望生活在人与人之间可以信赖的社会，可毕竟无法苛求世界的完美。你轻易信任别人可能会受到伤害，当你被别人信任时又可能成为一种负担。

我曾有位好友，仪表堂堂，会写诗，围棋水平不错，还曾在全国青年硬笔书法大赛上获三等奖。我常去他家下围棋，实际是请教，而且他要让我两粒子。他新婚的妻子是个知书达理且非常漂亮的女子，对我总是很客气，说是看过我的很多文字。这种交往仅仅维持了不到一年，原因是他开始赌博，棋艺再无精进，我反要让他两粒子才能杀个平手。

有一天深夜他敲开我家的门。他让我请他吃顿夜宵，因为他已输得分文皆无。正吃着，他的妻子打他手机，他说和我在一起。他妻子一定要我接电话，听到我的声音，她只说了一句话："和你在一起我就放心了。"那天我们谈到凌晨三四点，我竭力说服他不要再赌，可他听不进去。他说妻子要和他离婚，除非与现在的所有朋友断绝交往，但特别强调我是个例外。说实话，我先是非常愉悦和感动，能这样被人信任真好！可很快我有了担忧，他和我说这些同样是一种信任，他相信我不会出卖友情。可如果他利用这种信任，我该如何向他妻子交代？

　　果然，我担心的事发生了。有一天半夜，他妻子把电话打到我家，她在电话里痛苦地呻吟，她就要分娩了，可丈夫的手机关了，所以只好打给我。我当时脑子里"嗡"的一声，随口安慰她别急，然后到处找他。

　　我打了所有可能与他在一起的人的电话，答案只有一个：不知道。我拿件外套冲上大街才发现自己什么也做不了。我第一次像个疯子似的在大街上把他八辈祖宗骂了个遍，然后无可奈何地拨打了120急救中心的电话……

　　他们离婚了，我和他的友情也告一段落。听别人说，他们离婚时没有发生财产纠纷。他对曾经的妻子说，家里所有的东西全归你，只要留下一张桌子和四把椅子。他还要赌！赌博真的很可怕，它和毒品一样，几乎是一条不归路！

　　这么多年我一直在反思这件事，事情走向了最坏的结果，我是有责任的。它也使我明白信任的真正含意，信任更多的是一种责任，你享受它的荣耀的同时，不得不承受一份难言的痛楚。

信任是将心比心

俗话说"将心比心"，你想要别人怎样对待自己，那么自己就要先那样对待别人，只有先付出爱和真情，才能收到一呼百应的效果。

作为上级，只有和下级搞好关系，赢得下级的拥戴，才能调动起下级的积极性，促使他们尽心尽力地工作。俗话说"将心比心"，你想要别人怎样对待自己，那么自己就要先那样对待别人，只有先付出爱和真情，才能收到一呼百应的效果。

日本著名企业家松下幸之助就是一个注重感情投资的人，他曾说过："最失败的领导，就是那种员工一看见你，就像鱼一样没命逃开的领导。"他每次看见辛勤工作的员工，都要亲自上前为其沏上一杯茶，并充满感激地说："太感谢了，你辛苦了，请喝杯茶吧！"正因为在这些小事上，松下幸之助都不忘记表达出对下级的爱和关怀，所以他获得了员工们一致的拥戴，他们都心甘情愿地为他效力。

公元742年，唐玄宗连下三道诏书，征召大名鼎鼎的诗人李白入京。李白这一年三十一岁，向往着建功立业，以为这一回总可以大展鸿图了，于是，意气风发地来到了长安。唐玄宗召见了他。

封建时代，皇帝召见大臣，场面是十分威严的。他端坐御座之上，居高临下，而臣下则要一路小跑至他的膝下，行三跪九叩大礼，俯首称臣。而唐玄宗这一次召见李白，这一切森严的礼仪全都免除，他亲自坐着步辇（一种由人抬的代步工具）前来迎接。当李白到来时，他从步辇上下来，大步迎了上去；迎入大殿之后，又以镶嵌着各种名贵宝石的食案盛了各种珍馐佳肴来招待李白。大约是怕所上的一道汤太热，会烫着李白，唐玄宗竟然亲自以汤匙调羹，赐给李白，并对他说："卿是一个普通读书人，可你的大名居然传到我的耳中，若不是你有着超凡的诗才，怎么能做到这一点？"接着又赐他一匹天马驹，宫中的宴会，銮驾巡游，都让李白陪侍左右。

一个普通的诗人，无官无职，能够得到皇帝的召见、赐宴，已是非常高的礼遇了，而降辇步迎，御手调羹，更是旷古的隆恩。虽然李白这一次来长安，在仕途上并没有多大发展，最后还被客客气气地赶出了长安，但唐玄宗的这一次接见，却在李白心中留下了永不磨灭的印象，使他终身引以自豪，至死都念念不忘。

信任是理解和默契的升华

　　信任是靠你自己的努力才能够赢得的，你必须付出你的真诚，你必须先学会去信任别人。真诚同样需要种植，你只有播撒了真诚的种子，才会收获真诚的果实。

　　信任是一种力量，它能够激发人的潜能，使事情发生预想不到的变化。相传在公元前 4 世纪时，意大利人皮斯触犯了暴君，被判处绞刑。皮斯想在受刑前回家与老父老母诀别，却得不到暴君的同意。后来，皮斯的朋友达蒙挺身而出为他担保，承诺如果皮斯违约，自己可代其受刑，暴君才勉强应允。由于路途遥远，皮斯未能如期赶回，于是达蒙被带上了绞刑架，准备受刑。就在行刑官要发出行刑命令时，只见皮斯在暴雨中飞奔而来，换下了达蒙，并与之诀别。所有的人都被皮斯和达蒙的友谊和信任感动得热泪盈眶，连暴君也回心转意，免去皮斯死刑。信任，挽救了一个人的生命。

　　侥幸捡回了生命后，两个人有了这样的对话。

　　"有没有想到我不会来？"

　　"没有，你是不可能做出那种事情的！"

　　"有没有想到我会来晚？"

　　"可能性也不大，即使来晚，也该有你来晚的理由，那个理由一定值得我替你去死。"

没有必要知道原因和结果了，仅仅是对话，简短的对话，已经足以震撼我们的心灵。是怎样的一种力量支撑着皮斯的朋友达蒙甘愿冒生命的危险去做这件事情？是信任，对朋友绝对的信任！又是什么力量驱使皮斯能够放弃生存的机会按时赶到从容赴死？也是因为信任，只不过这是由于信任的约束。因为朋友的信任对他的良心形成了一种约束。

信任是一种力量，是一种巨大的力量。信任是彼此心灵间的一种心领神会，是用真诚相碰撞迸发的极为眩目的火花，是不需要表白的承诺，是理解和默契的一种升华。

你对他无话不谈，包括你隐藏最深的心事，因为你感到他可以信赖；你可以为他作出牺牲，甚至包括生命，因为感到他值得你付出。即使你的朋友有时做出你认为不该做的事情，你也会明白他会有充足的理由；即使你的爱人和一个异性过往甚密，你仍相信他对你始终不渝的感情，因为你了解对方，理解对方，你信任他。

这种信任的力量有时具有极大的约束力。因为对方的信任，你的良心会始终提醒自己，告诫自己：你要对得起这份信任。你的思维行动也会因此时时在意对方的存在，信任此时就成了一种道德的约束。超越个人感情的道德约束。虽然它本来就来自于个人感情。

可是我们有时不得不承认，世风日下，人心不古，物欲横流的现实使我们感到信任别人和被别人信任都是一件很不容易的事情。人际间的交往包含了太多的功利目的，人的防范戒备心理使人们甚至开始把相互信任看成是一种奢望，信任在我们身边愈发显得弥足珍贵。

可是我们渴望信任别人并且渴望得到别人的信任，不是吗？我始终认为信任是靠你自己的努力才能够赢得的，你必须付出你的真诚，你必须先学会去信任别人。真诚同样需要种植，你只有播撒了真诚的种子，才会收获真诚的果实。信任不等于轻信，这是我在经历了无数次的碰壁后才明白的道理。

我有过一次印象很深的经历：我身边有一个口碑不是很好的朋友，在别人的眼里他是个圆滑世故、为了达到自己的目的可以不择手段的人，可是我很信任他，因为我把他当成朋友。一次聚会，酒后的他对我说：我可以欺骗所有的人，可是每次对你，我不敢，也不忍，因为你太相信我。那一刻，我深深体会到信任的巨大力量。

除夕之夜你的父母没有催促你回家，因为他们信任子女会在该回去的时候回去，这是亲情间的信任；多少年没有见面的同学，当你拨通了电话告诉他几天后就要去找他，让他安排所有事宜，然后很坦然地放下电话，这是朋友间的信任；你心里深爱的女子（男人）远在天涯，没有音信，你却知道她（他）在此刻和你一样牵挂思念，并平静地享受相思的幸福和痛，这是爱人之间的信任。当你拥有了这些信任，你是否会感到这个世界还是充满了真善，还是充满温馨，还是有很多美好的让你感动的东西。

我感谢我信任的人，他们给了我太多的依靠和帮助。我感谢信任我的人，他们给了我力量和温情。我感谢信任！

信任是一种感情投资

"生当陨首，死当结草"，"士为知己者死，女为悦己者容"，无一不是"感情效应"的结果。为官者大都深知其中的奥妙，不失时机地付出廉价的感情投资，对于拉拢和控制部下往往能收到异乎寻常的效果。

讲究情义是人性的一大弱点，中国人尤其如此。"生当陨首，死当结草"，"士为知己者死，女为悦己者容"，无一不是"感情效应"的结果。为官者大都深知其中的奥妙，不失时机地付出廉价的感情投资，对于拉拢和控制部下往往能收到异乎寻常的效果。

有许多身居高位的大人物，会记得只见过一两次面的下属的名字，在电梯上或门口遇见时，点头微笑之余，叫出下属的名字，会令下属受宠若惊。

富有人情味的上司必能获得下属的衷心拥戴。

吴起是战国时期著名的军事家，他在担任魏军统帅时，与士卒同甘共苦，深受下层士兵的拥戴。当然，吴起这样做的目的是要让士兵在战场上为他卖命，多打胜仗。

有一次，一个士兵身上长了个脓疮，作为一军统帅的吴起，竟然亲自用嘴为士兵吸吮脓血，全军上下无不感动，而这个士兵的母亲得知这个消息时却哭了。有人奇怪地问道："你的儿子不过是小小的兵卒，将军亲自为他吸脓疮，你为什么倒哭了呢？你儿子能得到将军的厚爱，这是你家的福分哪！"这位母亲哭诉道："这哪里是爱我的儿子呀，分明是让我儿子为他卖命。想当初吴将军也曾为孩子的父亲吸脓血，结果打仗时，他父亲格外卖力，冲锋在前，终于战死沙场；现在他又这样对待我的儿子，看来这孩子也活不长了！"

人非草木，孰能无情，有了这样爱兵如子的统帅，部下能不尽心竭力，效命疆场吗？

吴起绝不是一个通人情、重感情的人，他为了谋取功名，背井离乡，母亲死了，他也不还乡安葬。他本来娶了齐国的女子为妻，为了能当上鲁国统帅，竟杀死了自己的妻子，以消除鲁国国君的怀疑。所以史书说他是个残忍之人。可就是这么一个人，对士兵却关怀备至，像吸脓吮血之事，父子之间都很难做到，他却一而再，再而三地去干，难道他真的是独独钟情于士兵，视兵如子吗？自然不是，他这么做的唯一目的是要让士兵在战场上为他卖命。这倒真应了那一句名言："世界上没有无缘无故的爱。"

信任是人生的财富

　　学会信任，你会发现另外一片美好的天地，人与人之间的交往并不总是充满了血腥和虚伪，真的不是这样的。学会信任，你会突然感觉天地之间可以很宽很宽。

　　汕昨天在电话里说他要谢谢我，我问为什么，他说是我让他知道了什么是"信任"。

　　事情的起因是汕最近通过网上销售订购了一台某品牌笔记本电脑，笔记本电脑的配置都很高，可在使用过程中由于软件安装的因素，存在一些小问题。我介绍北京的一位朋友尼可帮他看看，由于尼可有急事要出差，提出把笔记本电脑拿到他公司交给他同事帮忙看看。汕这就有点矛盾了，15000 元刚刚买的笔记本电脑，这就要交到一个陌生人手里，拿到另外一个地方去，对方又不会提供任何依据，他迟疑了一下还是把笔记本电脑交给了我的朋友尼可。

　　汕后来说，按照他从前做事的方法，他肯定不会这样做，认识了我以后好像有些改变，他想既然是我介绍的就说明我是信任这朋友的，既然我信任了他就也选择信任吧。

　　话是这样说，可汕的心里依然有些忐忑……

　　毕竟他们是初次打交道。

　　第二天尼可在青岛的机场就打电话给汕，说电脑已经弄好了，他一

学
会
信
任

learn to be trust

回到北京就立即把笔记本电脑给他送回来……

汕突然踏实了。

什么是信任？什么是友情？

汕信任尼可是因为他信任我，而我却是因为几年的交往了解而信任尼可。我想下一次汕会继续选择信任尼可，不是因为我，而是通过他们之间的接触和了解。

学会信任，你会发现另外一片美好的天地，人与人之间的交往并不总是充满了血腥和虚伪，真的不是这样的。学会信任，你会突然感觉天地之间可以很宽很宽。

写到这里我想起了另外一件事，五月在丹巴甲居藏寨，我们住在一位藏民家，晚上十二点刚过，房东（一位英武的小伙）来到我们住的房间，询问我们是否安全，有什么需要。我说这里接线板不够，无法给手机充电，他说拿到楼下他们的房间去充，我就顺手把手机递过去了。

同行的人诧异地问我，你不怕？

我说怕什么？

你的手机啊！

天，这有什么害怕的？难道他会这样就不给我了吗？

我从来就没思考过这样的问题，出门在外，你要信任他人也要信任自己，信任他人是因为没有人天生故意与你为恶，信任自己是要相信自己的判断能力和为人经验，否则我们将寸步难行。

第二天早上天刚刚亮，房东就把手机给我送来了，并从楼下端了几盆热水上楼供我们梳洗用。我很开心地坐在屋顶的台阶上看美丽的村庄和美丽的云彩。这时，又有同行的人在嘀咕，他（房东）为什么对我们这样好，他这样端水上来是不是要另外收钱呢？

心态，我觉得那是一种心态，如果以怀疑和提防的心理去看待一切，那么最好的办法就是把自己包裹起来放在屋子里哪都不去，要亲近自然就必须学会信任、学会随遇而安。

我相信那些对世界充满怀疑心的人也绝少会为其他人提供帮助，如果他们在路上（无论是人生路还是旅途中）都有关爱之心，都肯乐于帮助他人，那么他们就会信任他人。

信任，是人生的财富，有了信任，生活会更加美好！

信任

是成长路上的巨大动力

信任的力量有多大

孩子仿佛为赏识来到人世间

信任是家庭教育的情感基石

信任打开沟通之窗

信任带来心灵交融

在信任中长大的人充满自信

信任他就去发现他身上的优点

信任的力量有多大

从此，无论是月考或是期中考试，我再也没有抄过，坦然地答卷，坦然地交卷，坦然地得分，都是那双眼睛所盼望的呀！

信任的力量有多大？它拯救了我的灵魂。

信任的力量有多大？有人说，它可以使人由低落走向高潮，例如老师突然给一个差生委以要职。有人说，信任可以使一个公司强盛起来，例如松下公司的董事长松下幸之助对职员的信任，使松下电器成为世界名流。但是信任的力量到底有多大呢？还是听听我的故事吧！

大概是小学三年级时发生的事。那时我很贪玩，特别讨厌上学。一天，老师在临近下课时说："明天数学考试，大家要回去好好复习这几个单元的内容。"我心不在焉地应了一声，收拾东西与同学们一起跑出教室，在操场上"决斗"起来，早已忘记了复习的事。

第二天课间，老师抱着一沓卷子来到教室里说："请同学们准备一下，下节课进行考试，一节课答两面卷子。"我听了一愣，才想起昨天老师提醒过我们复习，顿时连忙翻出课本，抓起一本书就翻。半晌我才发现拿的是语文书，连忙在书包里找了一会儿，终于将数学书掏了出来，正欲放在桌子上翻翻，上课铃却声响了，老师说："赶快将书本收起来，发卷子啦！"我连忙把书本往抽屉里一塞，接过卷子做了起来，一分钟、二分钟、三分钟……

这时我遇到一道大难题，这道题老师在课上讲过，我当时正在神游太虚。现在怎么办呢？我四下打探了一下，大家都将卷子捂得紧紧的。于是，我"自己动手，丰衣足食"，右手在草稿上画着，左手已伸进书包，头微低，眼皮不时上翻，时不时还用右手搔一下头，同时左手长驱直入，四处寻觅，手指尖触到一本硬皮书，我连忙用手指夹住向外拖，刚拖出书包，老师便向这边走来，我迅速抽回左手，辅助右手搔头并咳嗽一声来掩饰自己的紧张，同时用肚子将书顶进桌膛里，然后放下左手，右手假装演算等老师走。

一分钟、二分钟、三分钟……老师像巡逻兵似的在那几排转悠。不行，得换一种方案，于是我趁老师转身之时，把数学书塞进上衣里，这时老师正好转过身来望着我，我连忙站起来说："老师，我想上厕所。"老师停住了脚步，两眼望着我，像一对巨大的 X 光束似的穿过我的眼睛，审视着我的心灵。我微微晃了一下，低头看着桌面。我受不了，这强大的眼神，里面有疑惑，有愤怒，有劝导，有理解，更多的是信任。

"好吧！快去，快去。"她终于开口了，我微微一愣收腹弯腰跑了。

到了厕所里，我打开数学书，将答案抄在一小块纸上，很快就完工了，我又将书塞到上衣里好好整理一下，将答案收到袖子里正欲出去，这时，眼前浮现出那双审视我灵魂的眼睛，怀疑、愤怒等都化为信任，直达我的灵魂深处……

从此，无论是月考或是期中考试，我再也没有抄过，坦然地答卷，坦然地交卷，坦然地得分，都是那双眼睛所盼望的呀！

信任的力量有多大？它拯救了我的灵魂。

孩子仿佛为赏识来到人世间

当我们学会赏识孩子时，孩子的成长会更加健康，包括身体和心灵。因为，孩子，仿佛就是为了得到成人的赏识而来到人世间的。

当我们学会赏识孩子时，孩子的成长会更加健康，包括身体和心灵。因为，孩子，仿佛就是为了得到成人的赏识而来到人世间的。

如何向孩子们表达我们对他们的赏识呢？最主要的就是要让他们感觉到我们认为他们"行"。

"行"这个字为什么起这么大的作用？

"行"这个字为什么有这么大的魅力？

因为这个"行"字满足了心灵深处最强烈的需求，满足了所有人无形生命的需要。

所有孩子无形生命最强烈的需求是什么？他们心灵深处最强烈的需求和所有成年人一样——渴望得到别人的赏识。

一提到赏识，很多家长本能地把它理解为表扬加鼓励，实际上这完全误解了赏识教育的含义。

赏识的本质用老百姓的话说，就是被看得起。中国有句古话说得好："士可杀不可辱。"对方可以消灭我的肉体，但不可消灭我的精神。古代西方骑士因为一句话不合，便与人决斗，即使一个下午分别约三个人，也要捍卫自己的尊严，哪怕牺牲自己的生命也不让对方看不起。

　　还有一句古话是："士为知己者死。"为什么愿意为知己者献出最宝贵的生命呢？很简单，两个字：赏识。

　　成年人需要赏识，从最高领导到一般平民都是如此。

　　比如说，年轻的女士或小姐，穿一件新衣服或新换一个发型，走在大街上，对周围人的眼光都很敏感。别说当面夸奖，就是一个赏识的目光，她的心里也觉得热乎乎、甜丝丝的。

　　成人尚且如此，何况孩子。孩子仿佛是为赏识而来到世间的。

　　吃饭、穿衣、身体健康只是孩子有形生命的需要，而内心世界的满足和愉悦是所有孩子无形生命的需求，是一种高级需求。

　　可是，我们有的家长忽视了孩子的无形生命，不知道孩子心灵深处最强烈的需求是什么。他们认为，只要在物质生活上对孩子尽量满足，吃的、穿的、住的、玩的，都是最好的，对孩子来说，就足够了。这也正是他们百思不得其解，为什么自己为孩子做了那么多，孩子却并不领情的原因。

　　心理学家曾经作过一个调查：孩子最怕什么？研究结果表明，孩子不是怕吃苦，也不是怕物质生活条件差，而是怕丢面子、失面子。

　　赏识的奥秘是让孩子觉醒。

　　从生命科学的角度看，每一个孩子都拥有巨大的潜能，但孩子诞生时都很弱小，生活在一个巨人的世界里。在生命成长过程中，他们难免有自卑情结。

　　德国的心理学家阿德勒说他在念书时，认为自己完全缺乏数学才能，毫无数学学习兴趣，因此考试经常不及格。后来偶尔发生的一件事，让他的潜能迸发出来：他出乎意料地解出了一道连老师也不会做的数学难题，这次成功改变了他对数学的态度，找到了数学天才的感觉，结果他成了学校里的数学尖子。

孩子的潜能需要星星之火来点燃。

赏识教育的奥秘就是让孩子觉醒，推掉压在无形生命上自卑的巨石，于是孩子的潜能像火山一样爆发了，排山倒海，势不可当。所有的学习障碍在孩子巨大的潜能面前，都是微不足道的。

信任是家庭教育的情感基石

只有父母的信任，才是真实、可靠的。父母的信任意味着理解、重视和鼓励，这是真正触动孩子们心灵的动力。

在家庭里，父母与子女之间，十分需要信任。心理学家认为，追求信任，这是一种积极的心态，是每个正常人的普遍心理，也是一个人奋发进取、积极向上、实现自我价值的内驱力。信任的心理机制对儿童良好心理品质的形成具有积极的鼓励作用。

家庭教育是在父母和子女的共同生活中，通过双方的语言交流和情感交流来进行的。父母与子女的相互信任是成功家教的重要因素。一些教育专家在对众多家庭进行调查时发现，子女对父母有特殊的信赖，他们往往把父母看成是自己学习上的蒙师，德行上的榜样，生活上的参谋，感情上的挚友，还特别希望能得到父母的信任。他们认为，只有父母的信任，才是真实、可靠的。父母的信任意味着理解、重视和鼓励，这是真正触动孩子们心灵的动力。

从教育效果看，信任是一种富有鼓舞作用的教育方式。在家庭教育中，父母的信任可使子女感到他们与父母处于平等的地位，从而对父母更加尊重、敬爱，更加亲近、服从，心里话乐于向父母倾吐。这既增进了父母对子女内心世界的了解，又使父母教育子女更能有的放矢，获得更好的效果。反之，若父母对孩子持不信任或不够信任的态度，就无法了解孩子的愿望和要求，孩子的自尊心和自信心必然会因此受到伤害，他们对父母的信赖也势必减弱。这样，家庭教育的效果也会相应减弱。因此，家长在教育孩子的过程中应该充分信任孩子。

信任打开沟通之窗

师生间的相互信任是进行有效沟通的前提。正是这种相互信任，使师生之间的有效沟通得以顺利进行。

每天的生活虽然忙忙碌碌，却不乏令人感动的故事。沉淀日久，有些小事便成为难忘的回忆，温暖着彼此的心。这也正是生活的魅力所在。

这是一个老师和学生的故事。

高考前两个月的一天下午，担任高三毕业班班主任的张老师正在办公室批改作业，他班上的李刚同学突然冲了进来，对他说："老师，我要退学。"张老师感到十分惊讶。追问原因时，他保持沉默。张老师看他不想说，便对他说，"你先别急着退学，老师给你两天时间，你再考虑考虑好不好？"

李刚走了，张老师开始陷入沉思。自接手这个班以来，李刚一直是一位遵守纪律、学习刻苦、成绩优秀的学生，他今天的举动实在让张老师无法理解。是什么原因让这位成绩优异的学生在高考前两个月产生退学的念头呢？带着这一巨大的疑问，张老师开始了调查。

据班上同学反映，最近李刚的表现不是很好，脾气变得非常暴躁，很容易发火，学习也不能集中注意力，经常表示自己很烦。至于为什么烦，他从未与别人说起过。张老师再去问其他任课教师，均反映近段时间李刚的表现不如以往，学习成绩也有所下滑。看来问题还比较严重，直觉告诉张老师，肯定有某些事情严重困扰着李刚。

掌握了这些情况，第二天，张老师把李刚叫到操场边的树林里。一开始，张老师对李刚退学的事只字不提，他们谈文学、历史等一些轻松的话题。慢慢地，李刚心态平稳了。张老师便用关切的目光注视着他，说："老师知道你最近有些烦心事，能告诉我吗？"他不语。"请相信不管遇到什么困难，老师都与你在一起，我们一起想办法！""告诉您，您能为我保密吗？"李刚说。张老师爽快地说："当然可以。"李刚终于告诉张老师："我喜欢咱们班的王微，看到她和边上的男生有说有笑，心里就很恼火，无心学习，有时还有和那个男生打架的冲动，再读下去，我怕我会控制不住自己。"

张老师对李刚说："男女之间产生爱慕之意是人之常情，这表明你已经长大了，这很正常。王微同学知道你喜欢她吗？"李刚不好意思地说："暂时还不知道。"张老师于是说出了自己的想法："老师建议你现在不要向王微同学表白，至少在高考以前，至于什么原因，我想你应该知道。""那我可不可以提个要求？"李刚迫切地问；张老师点头表示同意。李刚于是说道："能不能把王微的座位调到我的旁边？"张老师温和地说："只要你答应不表白，这个当然没问题。"

谈话结束后，张老师把王微调到与李刚相临的座位上。为了避免其他同学猜疑，她还调整了其他几位同学的座位。此后，李刚同学的学习积极性明显提高。王微经常问他问题，而李刚为了在自己心仪的女孩面前有更佳的表现，愈发学习努力。女孩在男孩的帮助下学习也有进步。

高考结束后，李刚以 630 分的好成绩被上海某名牌大学录取，原本成绩不太理想的王微也以 578 分的好成绩被江苏某工程学院录取。教师节那天，张老师收到了李刚发来的短信："张老师，您是我最应该感激的人，没有您就不会有我的今天。"

　　学生谈恋爱并不是洪水猛兽。青春期的男女同学之间产生爱慕之意，属于正常现象，只要正确引导，无须大惊小怪。班主任在处理这类问题时切忌想尽办法加以阻止和打压，这样只能适得其反，当然也不能听之任之，应该在理解与尊重的基础上加以正确引导。

　　师生间的相互信任是进行有效沟通的前提。李刚之所以开始不愿说出要求退学的真正原因，主要是缺乏对班主任的信任感。第二天，他告诉老师要求退学的原因，以及敢于提出调换座位的要求，都体现了学生对老师的信任。正是这种相互信任，使师生之间的有效沟通得以顺利进行。

信任带来心灵交融

　　教师的信任，往往会激发学生强烈的责任感和进取心，从而促使学生积极主动地趋同教师所希望的道德标准。在教育过程中，信任是双向的，只有教师信任学生，才能做到心灵的交融。反之，就容易产生学生的对抗情绪。

　　美国的一所学校，图书馆大门经常被破坏。学校将木门换成了铁门，仍无济于事，过不了多久，铁门仍然被踢坏。学校来了个新校长，他下令将门换成玻璃的，当时大家都很费解，可奇怪的是门再也没被破坏过。有人去问校长，校长笑笑说："装铁门，就意味着对学生说：'看你们能不能踢破？'充满了挑战的味道，装玻璃门则意味着信任学生，相信他们一定会爱护这道门。播种信任，才能收获信任。"

　　这个故事向我们昭示了信任的力量。教师的信任，往往会激发学生强烈的责任感和进取心，从而促使学生积极主动地趋同教师所希望的道德标准。在教育过程中，信任是双向的，只有教师信任学生，才能做到心灵的交融。反之，就容易产生学生的对抗情绪。稍稍反思，我们周围不信任的"铁门"随处可见。譬如，在"考不上重点中学，就上不了重点大学，就没有出息"的观念指导下，关注孩子成绩远比关注他们的心理状态重要。事实上，多数考试受挫的学生并非不聪明。爱因斯坦在学生时代就不是一个能考出高分的孩子，甚至有几门功课不及格。直到他成名后，记者在采访中向他请教："声音的速度是多少？"他说："我不知道。"面对记者的疑惑，爱因斯坦说："我不会在脑子里记一些从书本中能查到的知识。"我想，爱因斯坦在我们的考试制度下，恐怕也是落榜生。

信任学生，首先要相信学生是"未完成的，有待发展的人"，作为学生必然有缺点，要尊重善待学生的缺点，努力创造适合学生发展的教育。要学会把自己当做学生，站在学生的角度看待问题，走进学生的心灵，与学生共度生命的历程，与学生共创生命的体验。让每一位学生焕发生命的活力。

心理学家验证，人总是希望自己的能力得到肯定。教师的信任，是一份尊重，是一份责任，更是一份温馨，一份幸福，一股能够浸润学生心灵的暖流。爱，被誉为教育的润滑剂，是教育的亮点。因此，在教学中不断探索，在心田上不断耕耘，在新课程环境下，"每一节课就是一次挑战，每一节课就是一次收获！"只有让学生不断品味着创新的快乐、收获的喜悦，只有在学生的心田播种暖流，才会生长出无限的葱绿。

爱是教师最美的语言。与孩子们朝夕相处，让我如沐春风，他们那清脆的笑声犹在耳畔。教学中，让我感受最深的是被学生热爱的那种自豪，那种幸福，以及为学生付出辛勤劳动后所取得的快乐。看着学生们一个个思维敏捷，积极探索，我从心眼儿里感到作为老师的骄傲和幸福。在这以心换心、以爱博爱的交流中，难道进步的只是孩子吗？不，我的生命也在这交流中得到了成长，我的灵魂也在交流中得到了升华！我们一起体验创新的快乐，一起畅游知识的海洋，交流中我们一起用爱编织希望，用心装载歌声。我们将迎着课改的春日，去播种期待，播种灵感，播种信任！去塑造明天的主人，托起未来的世纪。

在信任中长大的人充满自信

信任，能使人产生强烈的责任感，充分挖掘潜力，释放能量。当受到信任时，我们会觉得自己的身后有许多人支撑着，当我们有了不负众望之心时，就不会被任何重负压倒。

父母的教诲，将影响他们的一生；父母的失误，会贻误孩子的前程！

信任，能使人产生强烈的责任感，充分挖掘潜力，释放能量。当受到信任时，我们会觉得自己的身后有许多人支撑着，当我们有了不负众望之心时，就不会被任何重负压倒。

一个人发现自身的价值，往往是通过别人的信任。尤其是未成年的孩子，他们渴望得到大人的信任，希望大人对自己委以重任。为人父母者，最大的责任是重视孩子，满足他们的成就感。

作为父母，要是你不重视他们，孩子还是会用种种方式去寻求别人的注意。有的方式是正当的，例如认真读书，为集体做好事；有的方式是不太正当的，例如扰乱课堂秩序，打架闹事，搞恶作剧等等。为人父母者，我们为什么不能够满足孩子们呢？

信任能激励人，更能教育人。

作为父母，如果我们要做到对孩子信任，可以帮助他们培养这样的习惯：

第一，告诉孩子要相信自己，敢于批评自己。

任何人都不可能不做错事，特别是小孩子，他们往往是在知错、认错、改错中长大的。聪明的人做了错事，从来不会去赖别人，而是从自己的身上去找原因，结果他们变得越来越聪明；愚蠢的人做了错事，老是找客观原因，怨天尤人，因而变得越来越愚蠢。

有一位聪明人为自己准备了一个本子，上面写的是"我所做过的傻事"。每天晚上他都要花一点儿时间去进行自我反省，问自己"我犯了什么错误"、"哪些事我做得不对，怎么样才能改进我的做法"。每周，他都选一个缺点或一个毛病着力改正，然后把每一天的反省作一个记录。后来，这个人成为了一个很成功很受欢迎的企业家。这个方法你不妨也去试试看。一个人能发现自己不行的一面，也正是"我能行"的一种表现。父母要培养孩子成才，就应该信任孩子，而信任，往往就体现在培养他们的相信自己和敢于批评自己的行为习惯上。

第二，告诉孩子要信任他人，愉快地接受批评。

长大之后取得很大成功且受人欢迎的人，从小就开始培养这样的习惯：不但能从表扬中获得力量，而且能从批评中获得力量。

批评你的人，都是关注你的人，不管他是好意还是恶意。如果听到有人说你坏话，你先急着替自己辩解，那你什么事都做不成了。听到批评，你可以做两件事。

一是尽力去做好你应该做的事，用事实证明你是对的，那么人家怎么说，就无关紧要了。如果事情确实做得不好，就是花十倍的力量来为自己辩解，也没有用。

二是去和批评你的人交谈。当面听取意见，也许你会知道自己错在哪儿。如果受到不公正的批评，你也不必生气，只"笑一笑"就行了，这是相信自己也是信任别人的表现。总之，当批评的雨点儿落下来，不必忙着打伞。

第三，让孩子切身感受到你对他的信任。

在信任中长大的孩子往往充满自信，信任的力量正在于让孩子觉得"我能行"。

假如你每天早上总是不忘提醒孩子带这带那，结果他偏偏丢三落四。孩子本来有能力天天学习、天天长进、天天完善，你的唠叨却使他失去了自信。

梁女士有一个十分可爱的女儿，名叫宝儿，刚上一年级。姥姥说她挺懂事，可就是有个坏毛病，每天早上不爱起床，得妈妈叫上好几遍。

"爱她不一定要管她。"一位儿童心理专家对宝儿的姥姥说，"有空带宝儿去买一个她喜欢的小闹钟，让小闹钟叫她起床就行了。告诉她，早上迟到了她自己负责。"

专家又把宝儿叫到身边："早上自己起床，你行吗？"

"我想我行。"宝儿说。

"你愿意每天让妈妈叫你起床，还是愿意让闹钟叫你起床？"专家问道。

"闹钟叫好，多有意思呀！"宝儿不假思索地说。

"我相信宝儿能管理好自己。那我们从什么时候开始呢？"专家接着问。

"有了闹钟就开始吧！"宝儿兴高采烈地说。

第二天，姥姥带宝儿买了闹钟。梁女士后来告诉儿童心理专家，宝儿像变了一个人似的，不用大人管了，还说她能自己管好自己。

给孩子一个自由的空间去发挥，孩子反而学会了管理自己。其实，不是孩子不行，而是自己要豁出去，要从心里信任孩子。

管教要有一个充满爱与信任的结尾。如果孩子犯了错误，老师和家长在批评和惩罚之后，施以温情是必要的，这样等于告诉孩子，大人否定的不是孩子本人，而是孩子的错误行为。

信任他就去发现他身上的优点

一位作家说过：“人人都是天才。”学会用发现的眼光看事物，金子就在你身边。能发现千里马的人是伯乐，能发现孩子长处的父母是称职的父母。

一位作家说过：“人人都是天才。”

学会用发现的眼光看事物，金子就在你身边。

能发现千里马的人是伯乐，能发现孩子长处的父母是称职的父母。

要让孩子的潜力充分发挥出来，就要帮助孩子去发现“我能行”、“我哪点最行”、“我哪一点会更行”。让孩子“自我发现”比别人发现更重要。“没有笨孩子，只有潜能尚未发挥出来的孩子”，要使孩子明白这些道理，需要父母和老师共同做工作。

有位班主任张老师很伟大。每次开家长会，她讲的只是哪些孩子成绩最优秀，哪些孩子进步最快，哪些孩子最有潜力。其实，这些最有潜力的孩子都是考场上还没有发挥好的孩子。老师不以分数论英雄，而真正是“以人为本”，不仅让父母有面子，还让孩子有自信。孩子们主动去发现自己最强的地方，个个都挺自信。后来，那些被夸为很有潜力的学生，终于发现了自己与众不同的方面，就不断展示着他的潜力。

谁会以自己的短处作为生存条件呢？人应当扬长避短，如果经常展示自己的长处，别人就会认为他行，他就向更行的方向努力；如果总是展示自己的短处，大家都认为他不行，自己就可能破罐破摔，影响自己一生的发展。

我们要善于发现孩子的长处。有很多父母，总觉得别人的孩子是金子，自己的孩子是沙子；别人的孩子是天才，自己的孩子像个蠢材。当有了这样的心理后，他们永远不会主动地去发现孩子身上闪光的地方。

有位父亲一连几天给张老师打电话谈论他的孩子，每次说的都是孩子的缺点，张老师问他："你的孩子就没有一点儿优点吗？"

他居然回答："我告诉您吧，他一点儿优点都没有！"

张老师生气了，对他说："你不配当爸爸，你想好孩子的优点再找我吧！"

那么，怎样才能发现孩子的优点呢？发现孩子的优点要注意三条。

第一条，发现不同点。

世间上没有一模一样的树叶，天下也没有一模一样的孩子。父母的责任就是发现自己孩子的"不同"。

爱迪生之所以能够成为伟大的发明家，正因为他有一位善于发现他优点的伟大母亲。

爱迪生上小学时，学校买来了新教具，他很好奇，全给拆了，又装不回去，气得老师请来了他的妈妈。老师对爱迪生的妈妈说："你的儿子太爱拆东西了，你要让他改改这个毛病！"

"老师，我看是你不对哟！我观察儿子很久了，他跟别人最大的不同就是喜欢拆东西，你叫他改掉这一点，那我儿子不就跟别人一样了吗？"爱迪生的妈妈是那么相信这是儿子最大的优点。

喜欢拆东西，实际上就是好奇心强，是开始努力的动力。正是因受到妈妈的鼓励，爱迪生的动手能力越来越强，终于成为 20 世纪对人类贡献最大的科学家之一。可以说，没有爱迪生的母亲，就没有爱迪生的成功，是她发现了儿子的与众不同之处，发现了儿子的才能，也保护了儿子珍贵的好奇心。

你的孩子有什么才能吗？有什么与众不同的地方吗？如果你还没有发现，你就有可能扼杀一个天才，尽管你是无意的。每个人都有与众不同之处，这个不同点也许就是他最行的地方。当你用行动来证明你对孩子的信任，真正发现孩子身上的与众不同之处时，你就会发现，你的孩子也是一位天才、某个领域里的天才。

第二条，发现闪光点。

有个学习不太好的学生，上课特别爱举手，有时老师的问题还没有说完，他就把手高高举起。可叫他起来回答，他又答不上来。

下课后，老师找这个同学聊天，问他原因。

"同学总笑我成绩不好，说我笨。我不服气，所以老师提问我总举手，想让大家看看，证明我不笨，可实际上我不会。"学生实话实说。

老师了解了真相后，表扬了他的积极性，并且跟他订下"君子协议"："以后老师再提问的时候，如果真会回答，你举左手；如果不会，你举右手。"

老师心里有了底，以后上课就抓住这名学生举左手的机会，让他回答问题，并经常表扬他。从那以后，这个学生的成绩大有起色。

老师对学生要有足够的信任，如何表现呢？就是要对学生多发现、多肯定、多赞赏、多表扬、多鼓励。要善于发现后进孩子的闪光点，让每个孩子都抬起头来走路。

第三条，发现动情点。

孩子是人类最真诚的群体。孩子的内心是纯洁的，孩子的情感是细腻的，我们要与孩子为友，就要去发现孩子的真诚，倾听他们真挚的声音。

有个孩子对我说："我妈过生日的时候，我送给她礼物。可我妈说：'花钱买这些干什么？'我当时挺生气的，觉得一份好心白费了。第二天，我发现我妈在仔细看我送她的礼物，我觉得挺高兴的，知道我妈还是喜欢我送的礼物的。她要是不用那种口气说话就好了。"

家庭生活中，我们常常遇到的是细微小事，从中我们不难发现孩子闪烁着真诚和爱的情感。善于发现它，是使我们走近孩子并与之沟通的法宝，也是我们教育孩子走上成功之路的法宝。

信 任

是激励的最高境界

激励高效的员工

信任与包容是最好的激励

传递信任，实现激励

信任到底是个什么东西

信任是最好的激励

信任与认同激励

在你信任的目光中放声歌唱

激励高效的员工

一个高效的员工需要你的信任、乐观和鼓励。当你信任员工本性为好时，他们就会有最佳的表现，因此你应该以激发和激励员工精神的方式行事。

一个高效的员工需要你的信任、乐观和鼓励。当你信任员工本性为好时，他们就会有最佳的表现，因此你应该以激发和激励员工精神的方式行事。

在一个出自柏拉图《理想国》的《盖吉氏的戒指》的寓言故事中，哲学家提出了这样一个问题：如果一个隐形戒指可以让你隐身，你会偷、欺骗甚至谋杀吗？或者，即使没人知道，你仍会经常做正确的事情吗？

对于第一个问题，回答为"是"的那些人相信，人类本质上是腐败的或懒惰的，要使公民聚集在一起的唯一的事情就是法律、回报和惩罚。有些人则相信，人类本性是善良的和勤劳的。对于他们来说，在可选择条件的情况下，人们经常会做正确的事情。

实际上，这源于工作中不同的管理体系和环境，一个充满规则，另一个则不是。从短期到中期来看，它们都能产生较好的效果。但是，从长远来看，基于人性为善的观点的管理体系，才能维持一个组织并允许它在一个持续变化的时代不断成长。

假如你认同这个推断，那么，作为一个领导者，对您来说，关键的

学会信任

learn to be trust

问题是用一种吸引、激发、扩展和激励员工精神的方式行事。有些人把这个称为价值，其他人则称为企业文化。

作为领导者，需要创造一个工作环境。如果这是一个令人害怕的环境，人们将会反对风险；如果它是一个批评、苛刻的环境，人们的信心就会逐渐丧失；但是，如果你相信，当你信任员工本性为好时，他们就会做得最好，那么你必须培养一种环境即具有允许员工尽力做到最好的自由。

假定你已经建立起我们前面所提到的核心领导力，你已经建立起一个优秀的团队，你已经与股东形成伙伴关系，你们能够果断行动、团结一致，那么，能够帮助你建立起一个可持续的、高效的团队的最重要的信念是什么？

信任

信任你的员工是一种赌注，但你可以通过设置边界培养起信任。在这个边界里，人们拥有一定的自由，诸如作出决定、选择，表达想法等，也有一定的责任，诸如说出事实真相、解释决定、从错误中学习等。当员工被规则驱动时，他们就效率不高；但是，当没有边界和发生混乱时，任何事情都无法完成。

这些年，我看到过两种极端的文化。在一个我曾经工作过的公司，每件事情都有规则，官僚作风主导着公司的管理体系，整个环境看上去井然有序，但是，几乎没有个人判断的空间，因此，没有人对自己的工作具有主人翁责任感，或者想主动、快速地完成工作。

另一个极端的例子，我在一个权力分散以至于非常混乱的公司里工作过，每个部门都按照自己的想法自行其事。

在这两种环境中，人们都无法高效工作。但是，在一个人们能够获得信任的公司，人们将会付出最大努力。

我曾经身处这样一个工作环境，在那里，IT部门的每个团队都被紧密地组织起来，以至于任何一个团队都不愿意与其他团队分享他们的专业知识。

当我们重组时，我所撰写的评估报告《团队共享会有多么好》获得一致通过后，他们停止向其他团队封闭自己的专业知识，开始彼此信任。随后，员工开始高效工作，工作质量开始提高。

希望

下一步，重要的是要认识到，高效员工梦想成功，而成功需要被希望点燃。不言而喻的是，当人们拥有希望，他们就会积极进取；当他们感到沮丧时，他们就会放弃。基于那种从工作中通过解决难题和坚持不懈而获得的认识，他们会不断前进。

坚持需要乐观主义。在建立一种充满希望的公司氛围时，领导者的工作是既要现实又要乐观。现实主义让你认识到当前的事实；而不论多么不愉快，乐观主义则让你明白，即便考虑到现实的困境，我们仍继续朝着目标前进。

当面临一个失去希望的团队时，我常扮演一位教练的角色。我带领团队成员共同认识现实，并着手考虑如何解决问题。

快乐

让公司环境变得令人愉快点吧。当人们喜欢他们所做的工作，并且乐于与那些一起工作的人共事，他们就会高效率地工作。

不要把快乐与轻浮，或缺乏挑战性的工作相混淆。真正的快乐，是在你和你的团队深深沉浸于解决问题之时默默萦绕。

如果你信任自己和周围的环境，那么你就能既紧张又放松。正如你能在竞争性运动中感受到这种紧张，你也能在领导者那里感受到它。当你传达着"既竞争又平和"的信息时，实际上，你向团队传达的是——如果我们把所拥有的都拿出来分享并相互支持，那么公司就会持续运转下去。

你可以设置这样的基调，即工作是有趣的。这可以通过诸如你享受自己的工作、你喜欢员工和你欣赏他们工作多么努力等，来向员工表达你的这种想法。有时，这就像对那些连周末都在加班工作的人说声"谢谢"一样简单。

如果你能微笑着对待错误，而不是责备他们，你的团队就能更加专注于成功而不是失败。

如果有人每周工作六十小时，你就不应该关注他是否花了两个小时吃顿午饭。

机会

最后的挑战是创造一个能够让员工成长的环境。高效员工需要不断学习新的技巧，并提出新想法，其目的是高水平地工作。那些能够学习新知识、与不同团队一起工作，并获不同角色的体验，以扩展其世界观的员工，能够创造一个更加丰富的组织。

这些技巧和相应机制，有助于创造和尊重不同的员工、更加自信的员工、听从命令的员工和保持好奇心的员工。正如管理大师彼得·圣吉在《第五项修炼》中关于"学习型组织理论"所讨论的：这不同于我们已知的获得技巧的一步接一步的过程，但它是必须的，因为当今时代，变化的频率和范围已经如此剧烈。

当我在菲多利公司工作时，其母公司百事可乐拥有一个员工发展体系，它使员工在不同业务角色上轮流，这个战略使员工更加活跃，并促使人们以更高的水平工作。

作为领导者，你有权力影响人们并因此影响他们的行事。如果你想创造一个鼓励信任、乐观主义、快乐的和具有个人发展空间的氛围，那么你将建立一个可持续的、高效的团队。在这个过程中，你还会培养出许多新的领导者。

信任与包容是最好的激励

激励的目的是追求利润的最大化和建立一个具有凝聚力的团队吸引并留下优秀的人才。包容与信任作为一个并不深刻的激励手段，往往被人们所忽视。信任他人，不仅能有效地激励人，更重要的是能塑造人，在人与人相互信任的氛围中，彼此无忧无虑，无牵无挂，思维空前的放松与活跃，尽情发挥自己的聪明才智。

如何挖掘人的潜力，最大限度地发挥其积极性与主观能动性，这是每个管理者苦苦思索与追求的。在实行这一目标时，人们谈的最多的话题，就是激励手段。在实施激励的过程中，人们普遍采取的方式与手段是绩效考核，给员工以相应的奖金、高工资、晋升、培训深造、福利等，以此来唤起人们对工作的热情和创新精神。的确，高工资、高奖金、晋升机会、培训、优厚的福利，对于有足够经济实力，并且能有效操作这一机制的机构与企业来说，是一剂能有效激发员工奋发向上的兴奋剂。但如果在企业发展的初期、或一些不具备经济实力的单位，又如何进行激励呢？还有在执行高工资、高奖金、晋升、培训、福利机制过程中，因操作不当，导致分配不均、相互攀比，所引起消极怠工等副作用时，又如何评价这些手段和处理这些关系呢？以上的激励措施是唯一的手段吗？是否还有别的激励途径与更完美的手段呢？有，那就是包容与信任！其实，最简单、最持久、最廉价、最深刻的激励就来自于包容与信任。

激励的目的是追求利润的最大化和建立一个具有凝聚力的团队吸引并留下优秀的人才。包容与信任作为一个并不深刻的激励手段，往往被人们所忽视。这种现象很大程度上是人们对人性的曲解，美其名曰人是贪婪的、自私的。因此，更多的人往往不愿往更深处去开采、去挖掘，只想靠物质与利益的诱惑来获取彼此利益的平衡与共享。其实，高工资、高奖金、晋升机会、培训、优厚的福利等手法只是满足人性最初期、最原始的本性。能唤起人最光辉、最有价值、最宝贵的忠诚与创新的还是包容与信任，这是不能被冷落更不能放弃的最好的绿色激励。

激励机制可分为三个层次：物资激励、荣誉激励、个人价值激励。

物资激励，也就是较为直观的工资、奖金、福利，它讲究的是价值的对等。马戏团的老虎成功表演一个节目后，就当场能得到一块鲜肉作为美食，其他动物只能看着咽口水。马戏演员的这种小施舍就是激励。当小鸟把选择好的相应字板在众多牌中准确地啄出来时，同样有一粒米的奖赏，不然，这些动物就不干或干得不痛快。这个道理非常简单。

荣誉激励包括授予称号，颁发证书、奖状等，这是激发人鼓舞人的重要组成部分。但这毕竟是一种被动的你先付出，然后才能被承认的办法，而且比例受到限制，太多太滥不行，乱点鸳鸯谱更不行。客观地讲，榜样的力量并非是无穷的。荣誉的激励最理想的是用在宏观舆论的导向与宣传上，最见效的还是孩提时代的诸如戴上一朵大红花、发一张奖状等，而在小团体组织或企业就大打折扣了。

个人价值激励则是人的最高追求，也是最成熟的境界。这种激励就是信任。信任，通俗地讲，就是是否把人当人看。包容即是体谅、理解和唤醒人内心良知的过程。岳飞多次包容与己为敌并设法杀害自己的王佐，最后唤醒了王佐的良知，就是最好的例证。

人，最重要的不是他是什么，而是你把他当做什么。你给他多少信任，他就会给你多少回报。关键是你的导向、你的沟通、你的行为、你的认识、你的习惯形成的固有的用人文化。一个对他人总不放心的人，最终是孤独、孤立而失望的。

有一副讽刺调侃人事制度的对联是这样写的："说你行，你就行，不行也行；说不行，就不行，行也不行"，如果把它看成一副哲理性的对联又何尝不是呢？"说你行，你就行"，这代表给了你信任，有了信任，你自然也就有了信心。工作过程中，即使有了错误，也会被理解，失败是成功之母嘛。"说不行，就不行"，这就人为地下了一个定论，把人给封杀了。现实生活中这种成就人与遏制人的例子比比皆是。其实人的潜力，不要说别人难以知道，就连自己也是不清楚的。谁也不能给谁下一个绝对的好与坏、能与不能的定论。当然，信任不是独立的，信任必须与包容形影相随，否则，信任就缺乏根基。人非圣贤，孰能无过？一有过失，就倍加防范，就悲观地认为这是人的本质，这是不公正的。用积极的心态看待"半杯水"的理论来面对人的弱点，那岂不是对人最好、最高的奖赏与鼓励？世界上还有什么比被人理解、得到人的宽容和尊重，更能唤起人的热情和自尊，更加让人难忘的呢？

给人信任需要智慧，给人信任需要胆略，给人信任需要胸怀，给人信任需要勇气，给人信任更需要执著。当你发现你的职员或下属犯了错误时（在不违犯法律的前提下），你是私下找他，语重心长地分析其犯错的原因，防止其再出现同样的问题，还是找到事实依据，当众批评教育，以取得杀一儆百的效果呢？事实上，采用后者方式的较为多见。不过，采用前者方式的，还需要耐心，也不排除这个人还会第二次、第三次重复犯错。如果那时你采取的仍然是第一次的处理方法，你将有可能获得一名能为你出生入死，忠心耿耿的良将。

当然，给人以信任，不是无原则的不管，信任不是放任，有问题不能视而不见，以及盲目的理解与认可。这也是目前最时髦的讲法，授权不等于放权，放权不等于弃权，对问题必须敏锐地去发现、去防范，而且要去寻找问题，再把问题处理在萌芽阶段。千万别被人看成是好欺骗，好糊弄的"慈善组织"，否则包容就是纵容、是无能，也是滋生腐败与个人邪念的温床。看什么都是问题，好像什么人都值得怀疑，不行；看不到问题，什么都随他去，更不行。要敢于看到问题，并准确判断其本质，然后，不要大惊小怪，恰到好处地予以扭转和改正，多一些理解，再多一些理解，才能取得好的效果。

信任他人，不仅能有效地激励人，更重要的是能塑造人，在人与人相互信任的氛围中，彼此无忧无虑，无牵无挂，思维空前放松与活跃，尽情发挥自己的聪明才智。在这样的境界里，人性的本能驱使自己要维护这方相互信任的净土。每一个不光明的念头出现时，都会让人觉得格格不入、自惭形秽，这种境界是物质激励无法达到的。要知道，物质收入是重要的，但不是最重要的。

马斯洛关于人的需求层次理论认为，人有被尊重的需求与自我价值实现的需求。什么叫尊重？被人肯定，被人信任，受人爱戴；什么是自我价值的实现，难道仅是高额的工资？金钱是可量化的财富，受人爱戴是无法用钱购买的，也是无价的。物质能换取人的工作干劲，但换取不到人的忠心与真诚。

激励，这么一个让很多人苦恼的话题，其实，很容易用自己的博大和睿智来诠释。

传递信任，实现激励

人是有感情的动物，宽容和信任是人与人之间建立良好关系的基础，管理者只有以心换心才能赢得员工的真心。而得到管理者的宽容和信任的员工就会将自己最大的热情投入到工作中去，将自己的积极性和创造性转化为最高的工作效率，从而提高整个企业的竞争力。

管理者要取得员工的信任，首先必须信任员工。信任体现了尊重和关心，只有信任员工的管理者才能赢得员工的心，使员工感受到归属感和被认同感，感受到自己的存在对企业的巨大价值，从而焕发出自己的工作热情。

在管理学中，有这样一种人性假设理论，任何一种管理实践都是以一定的人性假设为前提的。也就是说，管理者的管理方式体现了他对员工的人性假设。他认为自己的员工是什么样的人，就会采取什么样的管理方式。管理者信任员工的管理方式，首先就得认为自己的员工是可以信赖的，是值得相信的。员工从管理者的管理行为中可以清楚地感觉到管理者对他们的人性假设，只有管理者采用了信任员工的管理方式，才能够让员工感受到自己被信任。

在惠普的管理过程中，管理者绝对信任员工是最起码的原则。惠普的开放式管理和不上锁的实验室备品库都是这一人性假设的典型体现。惠普的创始人比尔认为惠普之道的政策和措施都是来自于一种信念，就是相信员工全部都想把工作干好，有所创造。只要为他们提供了适当的环境，他们就能够办到这一点。管理者应当关怀和尊重每一个人，并承认他们的个人成就。尊严和价值是惠普成功的一个极重要因素。正是因为记住了这一条，所以多年以前惠普就废除了考勤制，近年来又搞了弹性工作制。这不但是为了让员工能按自己的个人生活需要来调整时间，也表示了惠普对他们的信任。

信任是一种双向的关系，也就是我们所说的将心比心，管理者对员工的信任不但能够调动起员工的工作积极性，还会赢得员工的信任，建立双方的和谐关系。

信任员工还要给员工一个证明自己的机会。企业中总有一些员工看上去很"讨厌"，他们工作中从不积极主动与其他同事合作，而且恃才傲物，眼高手低。对于这样的员工，管理者最好的对待方法并不是弃而不用，而是给他们提供一个适合他们的位置。因为很多员工并不是没有才能，而是没有找到适合自己发展的空间。只有管理者相信员工的才华和工作能力，才能够让他们的长处得以发挥。如果管理者不能够客观地评价自己的员工，先入为主地靠自己的印象给员工贴上"不行"的标签，那就可能会失去一个有用的人才。而被别人认为"不行"的员工，一旦得到了管理者的肯定和信任，就能够发挥出自身的潜力，创造出非凡的表现。这样的员工还会认为管理者对自己有知遇之恩，自然会拥戴管理者，对企业也就无比忠诚。

一家公司里有一个为人很刻薄的女职员，没有一个员工愿意和她共事。管理者也发现了她不太容易与别人和谐相处，但还是让她负责人事专员的工作，并专门找她谈了话，说自己相信她一定能行。一开始，那位职员显得有些无所适从，但慢慢地，她开始变得随和起来，处事干脆利落，工作得很出色。正是管理者的信任使这位员工发挥了超常的潜能，在管理者提供了机会之后，员工就会用自己出色的工作成绩回报管理者。

　　人是有感情的动物，宽容和信任是人与人之间建立良好关系的基础，管理者只有以心换心才能赢得员工的真心。而得到管理者的宽容和信任的员工就会将自己最大的热情投入到工作中去，将自己的积极性和创造性转化为最高的工作效率，从而提高整个企业的竞争力。

信任到底是个什么东西

要建立信任：第一要有足够多的合作可能；第二，要有耐心，时间越长双方可信程度越高；第三，信息传递速度要快。

人们对信任问题从未如此关注。从西方到东方，从安然到银广厦，大家被这些骇人听闻的骗局吓呆了。普华永道在去年因违规被罚款五百万美元后，又有一名审计师因诚实问题收到美国监管局的终生禁令。语言可以是假的，合同可以是假的，钱可以是假的，身体的零件可以是假的，连经过全球最权威的会计师事务所审计过的账目，也有问题，这个世界上还有什么是可以信任的？所有的人都知道信任的好处和不信任的成本，全球都在呼喊信任回归，结果呢？世通、泰科和郑百文、周正毅等更多的企业和企业家在愚弄大家的信任。信任到底是个什么东西？

信任的"囚徒困境"

美国《管理学会评论》告诉我们：信任是一种心理状态。在这种心理状态下，第一，信任者愿意处于一种脆弱地位，这种地位有可能导致被信任者伤害自己；第二，信任者对被信任者抱有正面期待，认为被信任者不会伤害自己。简单地说，就是信任来源于对对方不采取机会主义和败德行为的信心。与其说信心不如说赌注，没有人知道，别人会不会利用你的信任来伤害你。

学
会
信
任

learn to be trust

　　信任可能会被别人利用，防止不信任则需要成本，到底应该怎么办？并没有标准答案。想想如果你要投资建一个高尔夫球场，你怎么决定？无非是先预算成本，再看预期收益，两者相减是否有利可图？信任的问题也是如此，我们应该用投资的眼光去看待信任，而不是简单的道德约束。因为你信任了别人，别人也必须信任你的想法是苍白无力的，因为受了骗转而再去骗别人的做法是拙劣卑鄙的。从经济学的角度来看，有收益必然有成本。信任的收益很容易理解，那么什么是信任的成本呢？CISCO 的 CEO 钱伯斯在 2001 年为此付了二十二亿五千万美元的代价。

钱伯斯的信任成本

　　钱伯斯所领导的 CISCO 是美国商业的奇迹，他所倡导的诚信文化创造了一个时代，被很多企业追捧。在业内 CISCO 以客户对他的高度信赖闻名，它和很多合作伙伴的关系往往只有非书面协议。在互联网最热闹的时候，它创造了"所有的库存在路上"的神话。但当网络泡沫破灭的时候，客户不得不取消订购计划，由于连书面的协议都没有，CISCO 自然无法要求对方履行合同，更无从谈及赔偿了。二十二亿五千万美元的库存苦果只能自己咽下。钱伯斯把这叫做"信任的成本"。信任的定义告诉我们，选择信任必然也就选择了被欺骗的可能，被欺骗必然就有损失。

信任的预期成本

　　降低信任成本主要方法是削减欺骗发生所带来的损失或者减少发生欺骗的可能。很多企业在做项目的时候没有后备方案，选合作伙伴的时候没有后备单位，同样，选经理人的时候没有后备力量。因为他们从来没有想过失败，所以一个方案失败后只有束手无策。用人方面更是如此，一个领导人的离开往往令企业措手不及，除了大骂对方不讲信用之外只能是手忙脚乱。

"疑人不用，用人不疑"是很多人挂在嘴边的一句话，但事实上，往往是以大家相互猜疑为结局。这句话本意是说信任的程度和时间问题，是方法论层面的东西，但如果认为它是操作指南问题就大了。没有约束的信任其结果必然是不信任。首先，信任绝对不是不怀疑，相反建立在防止欺骗可能发生基础上的信任才更持久，正如中国有句古训叫"先小人，后君子"。其次，让欺骗者不再欺骗自己的最有效方法就是加大不信任的成本，对违反原则的人进行制裁。没有多少人敢做假币的生意，因为被抓到后除了没收财产外，还可能终生身陷牢狱。很可能会招来杀身之祸。很多人对销售假货肆无忌惮的原因就是被发现后最多没收财产，对比卖假货的收益，这点风险根本不算什么。对欺骗者的姑息其实就是对信任的践踏。第三，要用动态的观点去看欺骗的可能。你十年前的好朋友忽然出现在你面前，面露难色地找你借钱，但钱到手后，他就不知去向，这样的事情每天都在发生。你借给他钱是基于你对他过去行为的信任，但拿走钱的是现在的他。在合作和项目执行的过程中一定要随时观察情况的变化，在越恶劣的情况下，大家越彼此信任，那是励志图书上说的把戏。"大难临头各自飞"是生物求生的本能，即使背靠 CISCO 这样的大树，当情况恶劣的时候很多客户也只能选择不认账。

重复博弈和循序渐进

村子里有个卖肉的老张头，村民小李去他那里买肉，但因一时没钱想记账。老张头该不该接受小李的赊账呢？其实这是个最简单的信用问题。假设一，老张信任小李，小李也按时还钱，交易发生，而且还将持续下去；假设二，老张信任小李，小李却不还钱。这时老张亏大了，小李占了便宜；假设三，老张不信任小李，这时虽然没有谁被欺骗，但是

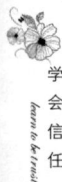

交易也没有发生。如果小李只想吃一次肉，不还钱是对他最有利的。同样如果老张知道小李只吃一次肉，也不会赊账给他。这种情况下大家都采用防御型的不信任。一次博弈的结果往往以不信任收场。但如果这村子里只有一个肉铺，小李如果选择赖账，他将无法再吃到肉。这就是破坏信任所受到的惩罚。如果小李想长期有肉吃，他必须要让老张信任他。重复博弈的结果是必须建立信任。另外，若是这个村子里不止一家肉铺，情况就复杂得多，信任必须建立的基础就被削弱了。要是村子不大，信息传递很快，一旦小李赖账大家都能迅速得知的话，小李就无从骗取第二次信任。这时信任建立的基础又被加强了。

上面的这个例子说明了要建立信任：第一要有足够多的合作可能；第二，要有耐心，时间越长双方可信程度越高；第三，信息传递速度要快。

长期合作伙伴则提供了长时间的合作经历和足够的合作可能。这种合作所产生的信任存在于双方感情银行的账户上，会因为更多成功的合作和时间积累不断升值，而这种存储就使信任的成本降低，当一方想破坏信任的时候，不信任的成本自然增加。在一开始的时候我们可以从一个信任成本比较小的事情做起。这方面我们可以借鉴银行的信贷系统，根据你过去的还贷能力，逐步放大你的信用额度。所以当我们陷入信任泥潭的时候，让我们想想是不是可以从小东西、从一部分开始？而这往往是高度信任项目合作的前提。

所有的人都知道犹太人是世界上最成功的商人，他们成功的原因之一是良好的商业信誉。但很少有人知道，这种信誉是建立在种族内部严格的信用惩罚基础上的。一旦他们被认定在生意中有欺诈行为，所有的犹太人都不再和他做生意。失去种族内部的生意合作和联系，他将寸步难行。对比机会成本，他们不敢也不愿去尝试欺骗。对一个中小企业来说，加入成熟的行业协会可以帮助它避免信用风险。重复博弈是信任建立的基础和原因，循序渐进是建立信任的最佳途径。

中国正在从熟人社会进入生人社会，越来越多的事情需要你和不熟悉的人去打交道，而在这之中如何建立信任关系是第一位要解决的。用投资的眼光去看信任是最有效最安全的做法，把信任作为长期投资终将获得丰厚的回报。

信任是最好的激励

对于管理者而言，每个人都不容忽视，因为每个人都不简单，每个人都与众不同。他们之所以没有发挥出应有的水平，是因为管理者没有给他们充分的信任和表现的机会。给他们一个展示自己的平台，为他们提供一个宽松的工作环境，信任并激励他们，他们将会为公司贡献出超乎想象的力量。

保罗·盖蒂是美国的一位石油开发商，他曾经买下一片土地的开发使用权，这块地里富含大量的石油，可惜这片土地正好处在一片森林里。之前，很多石油公司嫌这块地面积不大，且道路不易铺设而放弃它。保罗·盖蒂和他的下属到现场看了这块地，发现这里是可以采出石油的。但保罗·盖蒂经过分析，认为这块地没有太大的开发前途，因为它的面积比一间房子还小，而且只有一条四尺宽的小路通到这块地上，这么窄的路，卡车是没办法开进来的。另外，这块地面积太小，用一般的方法开采是行不通的。因此，保罗·盖蒂准备放弃此地，但又有些舍不得，最后他决定让员工们讨论一下，各抒己见，看看是否有办法克服这块地的缺点。当初员工们还有些犹豫，保罗便一再鼓励大家，许诺对有贡献和有好主意的员工将给予奖励等。见老板如此信任，大家都毫无拘束地议论起来，你一言我一语，不少主意就出来了。

"我想我们可以使用小一号的工具挖掘，这样或许可以节省一定的空间。"一位职工思考了良久才说道。

听到职工这么一说，保罗·盖蒂心中顿时豁然开朗，他一直认为交通是这块狭小油田的死结，现在这位员工想出使用小一号工具挖井，那么亦可以考虑使用小一号的铁路作为通向这油田的交通轨道。于是他说："如果大家能找到人设计和制造出小一号的工具，我们公司就能下手在这块地上开采石油。当然，接着还有一个问题，就是怎么使用小一号的交通工具把那里的石油运出来，请大家再好好想想，我们的员工真的是很优秀的。刚才那位员工竟然帮我们解决了大问题！"

保罗·盖蒂如此一讲，更是鼓励了员工们开动脑筋想办法。大家都是与油田打交道的工作人员，既知道挖井采油的方法和难处，又有解决问题的实际经验和体会，每个人都畅所欲言，把自己的想法、看法都毫无保留地谈出来。

员工们由小一号的挖井工具谈到小一号的铁路和火车，进而谈到找谁设计和制造这些挖掘工具和交通工具。

众人拾柴火焰高。经过保罗·盖蒂的一番激励和鼓动，员工们为开发森林里那块含油丰富的小油田找到了一个恰当的解决方案。大家确定用小型铁路和小型器材进入那块油田。

1927 年 2 月 21 日，盖蒂石油公司终于在那块土地上挖出了第一口井，后来接二连三地挖出数口井，每口井都产出大量的原油，每天共产油 1.7 万桶。从 1927 年至 1939 年，这块油田为保罗·盖蒂赚了数百万美元。

保罗·盖蒂一个让员工积极参与的简单想法使他获得了员工的信任，从而为他带来了几百万美元的收入。他的成功在于他对自己的员工充分信任，并且让员工积极参与公司的各项工作。他还认识到，只有当管理者要实现的目标与被管理者的意愿相符合时，才可能有效地调动被管者的积极性。他因此想办法为员工积极参与各项工作而设立各种奖励制度，结果他充分地调动了员工的积极性。最终保罗获得了成功。

对于管理者而言，每个人都不容忽视，因为每个人都不简单，每个人都与众不同。他们之所以没有发挥出应有的水平，是因为管理者没有给他们充分的信任和表现的机会。给他们一个展示自己的平台，为他们提供一个宽松的工作环境，信任并激励他们，他们将会为公司贡献出超乎想象的力量。无论一个员工的职位有多低，都应该享受为公司作出贡献的权利，这也是他应尽的义务。

信任与认同激励

信任是交易双方关系的一种属性，信任感是交易双方个人之间的一种属性，信任产生于重复性活动。

信任是交易双方关系的一种属性，信任感是交易双方个人之间的一种属性，信任产生于重复性活动。格拉诺维特认为：信任来源于社会网络，信任嵌入于社会网络之中，而人们的经济行为也就嵌入于社会网络的信任结构之中，在经济领域最基本的行为是交换，而交换行为得以发生的基础是双方必须建立一定程度的相互信任。在以物易物的原始交换中，双方首先必须相互了解，相信对方有交换的诚意，信任对方对交换条件的认可，然后才能进行实质性的交换。即使在以货币为媒介的现代社会交换中，双方也需要有一定程度的信任感。如果信任感降到最低程度，在每一次交换中，双方都是隐形的贡献者。信任使得社会可以在更大的空间和时间范围内从事活动。

信任可以使人们在没有权力或市场的前提下从事合作。今天的经济情况已经发生了很大的变化，经济全球化速度加快，人们用各种术语来描述这种变化，如后福特主义、柔性专业化、多样化质量生产、新生产概念，经济活动越来越充满不确定性和动态性。在经济快变、速变（经济的全球化、动态化）的今天，信任变得越来越有价值。在经济活动中，市场或权力在协调经济活动和合作方面已成为很蹩脚的手段。建立高绩效网络的最重要的要求是信任或社会认同，透过信任，组织成员之间的信息交易成本得以降低，信任是维系网络中企业成员间效能与存活的重要影响因素。在对组织行为的影响方面，信任可以有效降低管理事务的处理成本、防范投机行为，而且也能降低对未来的不确定性，促使组织内部的资源更合理地应用，从而提高组织的效能。信任是一种非常重要的生产性社会资本。网络中的信任具有重要的生产性价值，它可以减少搭便车和其他社会不轨行为，提高信任的可获得性，降低信息搜寻和商业交易成本。它为技术上和法律上相互分离的企业创造了解决问题，而不是讨价还价的条件。

知识经济时代，技术的复杂性以及外部环境的快速变化使得人与人之间的合作意识和合作行为更为突出，一个人很难独立完成一项任务，人都是镶嵌于团队中的一个单元。在合作的过程中人们除了追求物质利益外，更多的是追求在团队中的合作，他们希望通过努力能够营造和谐的团队氛围，并通过好的表现来得到同事及其上司的认同与信任。

在你信任的目光中放声歌唱

让员工们在公司信任的目光中放声歌唱吧！毕竟，每个人都有属于自己的舞台。

上午一上班，老板就过来交代："到年底了，对于公司的一些老员工，想想办法吧。"

说完这话，意味深长地看了我一眼。我明白这一眼的分量，按照集团公司的要求，每年绩效考核后必定在公司内部实行末位淘汰制，而公司的几位创业元老由于年龄和能力的原因，一定会落在后面。这些人当年都是和老板一起出生入死的战友，或许是机缘巧和，或许是能力有异，若干年后，老板成了老板，他们还是普通员工。即便他们不被淘汰出局，至少要降级或是扣发工资。

一方面是集团公司的统一政策，一方面是老板的特殊要求。我知道，考验我智力的时候又来了。劳神费心地审核完年底的员工绩效考核方案，我舒了一口气，按照这个方案，这些老员工选一个太突出的降一下级（当然，事先要个别谈好话，我们努力争取的结果才能如此），一些"能力"很强的就不升不降得了。这样，对得起集团的政策，也可以给老板一个交代。

下午接到电话，明天下午下班后大学同学聚会，想到同学中有人仍是孤家寡人，我叫过来部门的小张。

"明天有安排吗？"我问。

"没有，要请我去哪玩啊？"她兴致勃勃地看着我。

"我们大学同学聚会，中间有几个帅哥，去看看吧。"我如实说。

"好。"这个不谙世事的小丫头一脸兴奋。

我们一伙人Ｋ歌到凌晨，看看大家都筋疲力尽了，我们这一群睡眼惺忪的人才作鸟兽散。回来的路上，小张不停地笑，我回过头问她："笑什么呢？是不是看上谁了？"

"你看你那个Ａ同学，唱得乱七八糟，还唱得那么起劲！"

这么简单的一句话，却让我陷入了深思。

是啊，唱功确实不佳的Ａ为什么能放声歌唱呢？"人生得意须尽欢，莫使金樽空对月"，在一个圣诞前夜，面对一群感情真挚的老同学，有什么理由不放声歌唱呢？他，是在我们信任的目光中放声歌唱！

面对一个唱歌不好的Ａ，我们有如下几种选择：

1. 夺下他的话筒，自己上去唱一段：整个歌是好听了，但Ａ肯定会郁闷。

2. 教他学会唱歌：在那么短的时间内，这是不可能的。

3. 帮他点最适合他唱的歌：Ａ上初中、高中时，对一些经典老歌倒是有一定了解，后来上了大学，参加了工作，反倒唱得少了。所以，他还是适合唱老歌的，至于周杰伦、阿杜、陈奕迅等人的新歌，跑调不说，一点美感都没有。我们可以通过提醒和帮忙，让他找到自信和感觉。

4. 由他去吧：权当他是狂吼一通好了。

回到家，我怎么也睡不着，我想到了那个考核方案。同时也想到两个问题：一是考核的目的是为了淘汰吗？二是对于这些老员工，处分是最好的方法吗？

对于第一个问题，虽然集团上下都这么认为，但并不是我们ＨＲ真正应该做的，考核的目的是为了提高组织绩效，淘汰只是手段，决不是目的。即便我们改变不了组织的决定，我们也应该在能力范围之内让管理尽可能向正确的方向看齐。

对于第二个问题，通过这个老同学Ａ，我一下子找到了答案：显然处分不是最好也不是唯一的办法。

对于这些老员工，我们公司有如下几种途径来处理：

1. 让他们下岗：抹杀了他们的历史功绩，既不人道也难于实行，而且会让在职员工寒心。

2. 教他们更多新的业务知识：他们曾经是叱咤风云的战将，在岁月的流逝中失去了很多学习机会，现在正处于守成有余，学习不足的阶段。教他们学习显然不是明智之举。

3. 帮他们选择更适合的岗位：尽管他们曾经为公司作出了很大贡献，但组织的发展必然要求他们从一线岗位上退下来，对他们而言，继续在这个让他们引以为傲的公司工作才是他们所希望的，至于岗位调整，既在情理之中，也不出意料之外。在人员结构既定的前提下，我们应该充分发挥和调动组织内每一个人的能力。

4. 由他们去吧：既没有充分施展他们的能力，也影响了组织绩效的提高。他们不合理的存在，会增加我们管理的难度和效果。

对于这些老员工来说，帮助他们找到一个自己最适合的岗位并适当肯定他们才是最佳方案。公司社群办公室的小黄和小李不是老抱怨"年轻人干老年人干的活"吗？员工服务中心的好几个岗位不是比较适合中老年人做吗？也许，最好的办法是让这些元老从一线岗位上退下来，从前线转入后方，既给年轻人让出了空间，也找到了自己安身立命之地。

让员工们在公司信任的目光中放声歌唱吧！毕竟，每个人都有属于自己的舞台。

信任

带来高效能

信任是最美的原谅

管理者的自恋

建立组织内部信任的要诀

领导阿德

相互信任，其利断金

相信你不相信的事

信任管理使企业高效运转

信任才能高效

信任是金

信任是开发员工潜能的钥匙

信任是最美的原谅

在这个世界上，还没有不犯错误的人，谁都希望自己犯了错误之后能得到别人的原谅。原谅别人就是信任别人，把他能够做的事交给他继续做下去。不信任的原谅，其实还算不上真正的原谅。信任是最美的原谅，信任才能让人变得更加美好。

在美国商业机器公司，有一位高级负责人因工作失误而损失了一千万美元的巨款。沉重的压力使他精神紧张，委靡不振。

几天后，这位负责人接到了董事长约翰·欧佩尔接见的通知。在办公室里，他被告之调任同等重要的一个新职务。这一结果大大地出乎他的意料，他十分惊讶地问道："董事长，我犯了如此重要的错误，您为何不把我开除或降职？"

"先生，如果我那样处理的话，岂不是在您的身上白白地花费了一千万美元的'学费'？"欧佩尔回答说。

谈话还不到十分钟，但却给了这位高级负责人以深刻的教育和极大的鼓励，成为其巨大的心理动力。他在新的起点上奋发拼搏，以惊人的毅力和智慧为公司的发展立下了汗马功劳。

在这个世界上，还没有不犯错误的人，谁都希望自己犯了错误之后能得到别人的原谅。原谅别人就是信任别人，把他能够做的事交给他继续做下去。不信任的原谅，其实还算不上真正的原谅。信任是最美的原谅，信任才能让人变得更加美好。

"只有一个方法，可以使过去成为有价值和建设性的经历，那就是镇静地分析我们过去的错误。因错误而获益，然后忘记错误。"欧佩尔说："我们允许下属出错，如果哪个人在经过几次犯错误之后变得'茁壮'了，在公司看来是很有价值的。"

对于企业的管理者来说，他们才能的一个重要方面表现为识人、用人和容人的水平。欧佩尔在这一点上，做得非常到位。他在激烈的竞争中深刻地认识到，提高企业的后劲在于储备人才，企业无法估量的资本是人才，知识可以称之为企业的无形财富。

管理者的自恋

企业的效益要想提高，就请老板和管理者们尽可能地把决定权交给下属吧！然而，要做到充分授权，管理者人性中的自恋就必须收敛……因此，在商业历史的长河中，平庸的企业永远是大多数，而佼佼者总是少数。

人，大多自恋。自恋就是喜欢自己多于喜欢别人，人们为什么喜欢自己要多一些呢？因为人本性中固有的骄傲——认为自己总是比别人强。20世纪70年代美国曾在一百万个年轻人中，进行过一次心理测试，测试的内容是：让每个人对自己的才能打分，看自己的素质在多少人之上，并用百分比表示。结果70%的测试者认为自己的才能比90%的人都高，25%的测试者认为他们百里挑一，也就是说：他们是属于人群中那1%最有才华的人。

看到这个结果，主持试验的社会学家不禁哑然失笑：人群中那些占大多数的平庸者都哪儿去了？除非统计学正态分布的定理重新改写，否则试验得出的结论是不能成立的。然而，这个结论却反映了人群整体对自己的一个重要的认知——自恋。

自恋不是坏事，而是人们活下去的一个重要理由。如果一个人总觉得自己什么都不如别人，那他还活个什么劲呢？正是每个人心中那点自恋，才使得我们每天要走出家门，去面对一个并不如意的世界。因此，不管生活状况如何差的人，他的心里一定也要找到比别人强的地方。

有人可能说："不对！我每天干我不愿意干的事，是因为责任。"

然而，责任的背后是什么？支持你肩负责任的动机是什么？仍然是你认为自己比别人强，或者，至少你不比别人差的那点自恋。

因此，对于普通人来说，自恋不仅不是坏事，而且是必需的，但是，对于管理者来说，自恋就不一定是好事了。作为管理者，你的职位本身已经向世人宣告：你比别人强！如果你再自恋，处处都表现得比下属强，你就会把下属的自恋抢走。人没了自恋，活着就没劲了，你管理的公司或部门的效率也一定会下降。

为什么？因为管理者的职业与其他职业最大的不同是：管理者不能单兵作战，管理者的任务和目标是要靠下属的脑和手来完成的。可是，在绝大部分时间里，管理者控制不了下属的脑和手，因此，如果想让下属的脑和手主动干活，光给钱是不行的，还必须给他们心里装台"发电机"——自恋。

然而，管理者也是人，是人就会自恋。于是，管理者往往不知不觉地抢了下属的风头，这就是大多数企业经常发生授权不充分的原因，是啊，谁敢把重要的决策权交给"能力不如自己的下属"呢？

人们还认为别人不仅能力不如自己，道德水平往往也不如自己。在20世纪八九十年代，美国芝加哥大学的一个研究机构对美国成年人的工作动机进行了一项连续性调查。在抽样调查中，受访者被要求对他们的工作动机——金钱、保障、自由时间、工作重要性和成就感这五个因素按重要程度排序，结果大部分人把工作重要性排在第一位，而金钱仅排在第三位。同样的受访者当被问到：你们认为鼓励下属努力工作最重要的手段是什么时，结果有高达75%的人，竟把金钱的因素排到第一位。

这就是赤裸裸的道德自恋。凭什么你就是为了重要的责任而工作，而别人就是为了金钱而工作呢？

有道德自恋倾向的管理者，在管理中就更不能充分授权了，因为他们相信下属都是唯利是图的，因此，必须严格监控才能防止他们占公司的便宜，不仅如此，他们往往忽视员工的尊严，尽管嘴上总是说以人为本，但内心却认为："你们在别处还拿不到这么多收入呢，受点委屈也是应该的。"

在有上述两种自恋倾向的管理者手下工作是不幸福的。因为授权不充分和被过分监管都意味着不被人信任，不被人信任就意味着你的能力和品德不行。于是，人的自恋得不到满足，就觉得不幸福——好像白活了。一个不幸福的员工当然不会有主动工作的精神，最多是"拿多少钱，干多少活"；一个企业里"拿多少钱，干多少活"类型的员工多了，这个企业就变得平庸了。

相反，在那些不自恋或自恋倾向小的管理者手下工作的员工，个个都显得精明能干，为什么？因为他们的老板知道：自己管不好那么多事，因此，把决定权尽可能地交给了他的下属们。人就是这么怪的动物，明争暗斗，你争我抢，要的就是"自己说了算"这点权力；可是，一旦把权力争到手，自己就给自己带上紧箍咒——为自己的决定赴汤蹈火吧。这就是所谓士为知己者死。

权力是一块金币，一面刻着责任，另一面写着信任，给了谁，谁的自恋就得到满足，因为这等于给他胸前戴了一枚奖章，上面写着："我比你们强！我没白活！"这样，他就有了主动工作的精抻。

根据中国企业领导力委员会（CLC）在全球 59 家企业的 50000 多名员工中进行的一项调查表明："员工主动工作精神能使工作绩效提高至少 20%，跳槽率下降 87%！看来，人要是自恋了，就"傻到愿意多干活、多卖命！"其实，这就是授权管理的全部精髓——让员工自恋！

　　企业的效益要想提高，就请老板和管理者们尽可能地把决定权交给下属吧！然而，要做到充分授权，管理者人性中的自恋就必须收敛，可是，自恋既然是人性，管理者能够克服自己的自恋吗？当然不能！一个不违反统计学定理的答案是：大多数管理者并不能克服自恋。因此，在商业历史的长河中，平庸的企业永远是大多数，而佼佼者总是少数。

　　那些少数的佼佼者是怎样从一个具有自恋意识的自然人，成为一个不自恋的优秀管理者呢？必须经历的过程就是炼狱的考验，也就是说，必须经受过重大的人生问题，但没有被打倒，反而在逆境中站了起来。于是，他们知道了自己的渺小，懂得了对别人的尊敬。

建立组织内部信任的要诀

　　如何建立起组织内部的相互信任？信任的整个过程首先是听，对别人所说的内容表现出真诚的兴趣。一个社会的信赖度、透明度、信仰度如果不够，下一步要发挥它积极的动力也会出现困难。这个方面，是所有公司和社会遇到的重要问题。

　　有人说，这是一个好的时代，有着大把看似光明的机会。也有人说，这是一个坏时代，机会主义者通行，人与人之间缺乏信任。

　　组织内部的信任危机同样存在，在经历了多次裁员风波之后，一种声音正在获得越来越多的认同——公司不是我的家，雇主和雇员之间仅仅是一种简单的交易关系。

　　如何建立起组织内部的相互信任？企业家和教授如何看待这个问题？在由暨南大学管理学院举办的"2006年中国企业创造力论坛"上，彼得·圣吉教授、杜维明教授、前福特汽车总裁尼克·赞纽克和趋势科技董事长张明正发表了自己的看法。

　　信任的前提是倾听。在企业团队中建立信任度已经变得越来越困难了。员工经常怀疑，这个领导说的话是真心话吗？"现在正是碰到这样一个很大的危机。一个社会它的信赖度、透明度、信仰度如果不够，下一步要发挥它积极的动力也会出现困难。这个方面，是所有公司和社会遇到的重要问题。"杜维明说。

　　信任的整个过程首先是听，对别人所说的内容表现出真诚的兴趣。作为一个领导者对团队的成员也是一样的，这个团队会测试领导者对团队每个成员的意见是否看重。努力地去听，是沟通和对话的前提，但其实更重要的是思维的模式，那就是真诚地暴露你自己的想法。

　　"不断将自己的思想暴露给别人，别人的思想不断地暴露给我们，帮助双方相互获得价值，这才是最重要的。如果我们不懂得如何有效地谈论一个问题，而是互相威胁的话，很难建立起来信任。"尼克·赞纽克认为。

　　"我们要不断地自问，这只是一个意见还是一个事实。我们很少去处理一个事实，我们常常对付的是意见。不要将观点当成在说一个事实，如果你这样做的话，我完全可以肯定对方将处于自我保护和防卫的状态，因为让他们感觉受到威胁。如果你说，'来，我告诉你我的想法'，那会不一样。"彼得·圣吉则认为。

　　将企业愿景落实在每个人身上。很多公司领导宣称要做世界五百强之一，但往往无法直面员工的一个基本问题：这是你的愿景，我只是来打工的，挣点养家糊口的费用，这与我何干？"如果你首先研究什么战略，这是没有用的，你要让这些人参与战略制订的过程，让他们了解你曾经面对的问题，不管他们说什么，就让他们说他们的理解，并且对此表现出你的兴趣。"彼得·圣吉说。

　　"战略可以被分解为很多部分，不是工具化的部分，而是人情化的部分。你是谁？你在这里的价值是什么？把战略和每个人联系起来，只要你坚持，他们会越来越觉得你的决策也关注到了他们的兴趣。"

　　张明正用他的经验告诉大家，一个公司的高管要将愿景一直分到最基层。高管要完全了解怎样将战略分到每个人每天要做的事情，战略就和愿景对齐。创造什么样的东西，需要大家的参与，而且要同意，这样大家才能自动自发去做，然后再进行资源分配。

企业要负担起员工的培训工作。在创业时员工与老板可以因共同的价值追求走到一起，但在公司遇到危机时这种价值共同体可能就会破裂，伴随着裁员而来的往往是承诺和信任的不复存在。

在彼得·圣吉的职业生涯中，他都在问那些企业高层同一个问题："你们是不是可以维持下去？你们的裁员是不是必须的？"

更关注企业为员工创造的价值，或者说，共同的价值，才是最重要的解决之道。事实上，员工在工作时未必很清楚他们对公司的价值是什么，或者说被裁员之后，他们也不清楚这一点。

"企业要负担起员工的培训，应对变化，是避免裁员的方法，还有，一些很好的公司，它们都可以帮助被裁的人解决再就业的问题。在整个过程中，帮助他们减轻情绪上的负担，减少他们的愤怒，要一起了解他们的需求。"彼得·圣吉说。

领导阿德

人是有感情的，需要别人的尊重和信任。当领导的就要时时尊重和理解下属员工的人格和劳动，并要善于在单位内部建立一种健康的融洽的关系，营造出一种新型的家庭式的亲情与和谐的氛围，最终形成干群同舟共济的局面，从而成为夺取工作胜利的力量保证。

阿德，姓尚，名德。阿德这个称呼最开始是由他师傅叫起来的。大学毕业工作后，阿德以谦逊、诚信、大度、公正、求真、务实的品格，赢得了单位上下的一致好评，他也"从奴隶到将军"，成了单位里的"一把手"。阿德当了领导后，同事们仍叫他阿德，阿德也喜欢人们这样称呼他。他说，当官只是一阵子，阿德的称呼可唤一辈子。

领导者阿德，有其独特的思维方式、工作理念，并注重细节。

赴任之初，机关为阿德专辟了一间办公室，阿德却让人把两个副手的办公桌搬过来，三个领导同室办公。阿德说，领导一人一间办公室，可以减少影响，集中精力，思考问题和处理事情，但也有弊端，不利于班子成员在信息上的交流沟通、工作上的讨论商量，也不利于领导成员间的相互监督。

阿德工作再忙，找同事谈谈不忘；事情再多，上员工家坐坐不忘。有时，有人找他反映情况，他会马上放下手头的工作，倒杯茶、嘘个寒、问个暖，热诚接待。他说，这绝对不是一套形式。在一般情况下，来找领导谈事的人，他会在"说什么"、"怎样说"等方面都会经过反复考虑，还得拿出一定的勇气，有的人甚至会在你办公室门前徘徊一阵，才跨进你办公室的。因此，我们这些当领导的，一定要满腔热情，真心诚意地接待每一个来访的员工。

他还说，人是有感情的，需要别人的尊重和信任。当领导的就要时时尊重和理解下属员工的人格和劳动，并要善于在单位内部建立一种健康的融洽的关系，营造出一种新型的家庭式的亲情与和谐的氛围，最终形成干群同舟共济的局面，从而成为夺取工作胜利的力量保证。

于细微处见精神。阿德善于尊重人、理解人的领导方式，激发了大家的工作热情和创造精神，他所领导的部门连续几年被上级评为先进集体。大家也觉得，在阿德手下工作再苦再累也心甘。

相互信任，其利断金

　　正如《周易》所述："二人同心，其利断金。"二人尚且如此，更何况我们一个集体这么多人呢。相互信任，那将会是多么大的一股力量啊！

　　为期一天的拓展训练最终在兴奋与疲惫中结束。虽然大多数人的手脚已经不再听从指挥，大家却都还是意犹未尽的样子。通过一天的训练，我们深深感到团队合作的重要及其背后的无价信任。

　　我们接受的第一个挑战是信任背摔。正如其名，最重要的是信任。站上石台前，每一位队友都将手搭在自己身上，当高声喊出自己的名字、听到队友响亮的加油声时，仿佛被注入无限的信心和勇气。队友的那句"时刻准备着"更是让人相信有这些队友的保护，自己不会受到一丝伤害。这样即使站在一米六左右高度的石台上向后摔下，也不会感到害怕。在数到最后时，没有紧张，没有犹豫，身体笔直向后倒下，一瞬间，身体被队友们的手臂接住。看着队友们的一张张笑脸，感觉还是人间温暖。

　　同样还有过钢丝，两个人都要将自己全部力量交给对方才能通过。按照常理，如果用全力推对方，而他又站在钢丝上，他必定会掉下去，然后自己因为没有了依靠从而一起掉下去。习惯的做法是，当自己站不稳时肯定希望别人拉自己一下，而不希望是被别人推一下。可是从现在所面对的情况来看，如果那么做结果只有失败。我们只能将自己的力量全部交给队友，相信他能够承受自己给予他的重任；并接受他交给自己的力量，相信队友不会伤害我们。只有在信任的基础上，两个人才能齐心协力，完成挑战。

团队合作必须建立在相互信任的基础上才能发挥到极致。当人与人不再有隔阂，心中对别人充满信任，人们将不再担心自身的得失，而是尽全力完成团队托付给他的重任，因为同样会有队友尽全力保证他的安全。这样一个团队就会像一条结实的铁链，每一个队员都是铁链上的一环，缺一不可。正如《周易》所述："二人同心，其利断金。"二人尚且如此，更何况我们一个集体这么多人呢。相互信任，那将会是多么大的一股力量啊！

相信你不相信的事

　　信任可以分成许多等级，有几分信任便有几分帮助，实在不必要求达到那么高的理想，从某个角度来说可以接受；但是所谓的信任在平常是用不上的，通常都是在非常时期或非常状况下才会牵涉到信任。就某些层级而言，只需有一点信任即可，而这些层级其实只要制度健全，信任并非必要的因素；但对高阶团队，尤其是经营团队的核心成员，由于决策牵涉大家的利益，信任就会成为关键因素。

　　信任，就是相信你不相信的事。

　　以前看这句话没有太多感觉，觉得只是一个文字游戏罢了，经过多年职场的历练后，见闻逐渐增多，才开始体会话中隐藏的智慧；信任几乎已成为企业工作团队的口头禅，大家都强调要彼此信任，可是信任在现代忙碌的职场上，似乎越来越薄弱。如果你不相信，打听一下，有哪个企业老板没有"耳根子软"的问题？

　　颜回是孔子最得意的门生。有一次孔子周游列国，困于陈蔡之间七天没饭吃，颜回好不容易找到一点粮米，便赶紧埋锅造饭，米饭将熟之际，孔子闻香抬头，恰好看到颜回用手抓出一把米饭送入口中；等到颜回请孔子吃饭，孔子假装说："我刚刚梦到我父亲，想用这干净的白饭来祭拜他。"颜回赶快说："不行，不行，这饭不干净，刚刚烧饭时有些烟尘掉入锅中，弃之可惜，我便抓出来吃掉了。"孔子这才知道颜回并非偷吃饭，心中相当感慨，便对弟子说："所信者目也，而目犹不可信；所恃者心也，而心犹不足恃。弟子记之，知人固不易矣！"以孔子之圣，面对颜回这等贤徒，犹不能完全"不疑"，想一想，在企业中，有多少主管或老板像孔子一样了解他的部属？而你我芸芸众生，有几个人的修养可与颜回相比？如此推论，信任似乎只是求之不可得的理想罢了！

也许有人会说，信任可以分成许多等级，有几分信任便有几分帮助，实在不必要求达到那么高的理想，从某个角度来说可以接受；但是所谓的信任在平常是用不上的，通常都是在非常时期或非常状况下才会牵涉到信任。就某些层级而言，只需有一点信任即可，而这些层级其实只要制度健全，信任并非必要的因素；但对高阶团队，尤其是经营团队的核心成员，由于决策牵涉到大家的利益，信任就会成为关键因素。如果信任果真如上所述，只是求之不可得的理想，是否意味着高阶团队必然也会走向合久必分的宿命？

禅宗要悟道必须先起疑情，管理要突破，似乎也少不了要有疑情，管理理论都是正确的，但是加上人这个参数，套用到实务世界就变成千百个不同的结果。

信任管理使企业高效运转

信任能增强团队精神。随着市场竞争的日趋加剧，任何企业要想立于不败之地，都需要有一个好的团队来支持企业发展。

有一位管理着数亿资产的企业家，一年四季有一百多天在外面打高尔夫球、爬山，还有一百多天在国外学习考察，真正在企业上班的时间很少。当别人问他为什么企业还运转得那么好时，这位老总说，我不过是把最优秀的人才集纳起来，搭成优秀团队，然后放手让他去干。这位老总实施的就是信任管理。

随着企业规模的扩大，企业必须实行信任管理，形成管理者与员工之间的双向忠诚，从而有效地调动各方面的积极性。信任管理能弥补自身不足，再强势的领导人，总有照顾不到的角落，只有充分授权，把有能力的人充实到各个岗位上，让他们随时随地行使权力，作出符合市场规律和企业文化要求的正确决策，企业才会高效运转，这样的企业才有生命力。当下属能力超过自己时，尤其需要信任管理。

广告创意专家戴维·奥格威早在五十多年前就告诫所有的企业家："如果我们总是雇用那些不如我们的雇员，公司将逐渐成为侏儒，只有当雇用的员工总是超越我们，并放手让他们施展才华时，公司才会成为巨人。"这是很有道理的，企业家在为精兵强将提供施展舞台的同时，实际上也为自己撑起发展空间。

台湾知名企业家、宏集团创始人施振荣也认为，管理企业最重要的一点就是信任下属、充分授权。明基的李耀、宏的王振堂、纬创的林宪铭、华硕的施崇棠、精英创办人陈汉清、采钰科技董事长蔡国智都是施振荣手下的得力干将。在这些人的支持下，施振荣才得以成为台湾巨富。

　　信任能增强团队精神。随着市场竞争的日益加剧，任何企业要想立于不败之地，都需要有一个好的团队来支持企业发展。如果没有信任，张三的思路、想法不会与李四分享，李四有好的创意，也不会告诉王五，最后，谁也不能成功。

　　用人不疑才能凝聚人心，要把众人的智慧和力量凝聚起来，需要高度的信任。据说，微软的 Windows 操作系统，是三千多名工程师合作的结晶。没有精诚团结的团队意识，没有所有研发人员的默契和相互配合，这项工程是根本不可能完成的。

　　信任能降低管理成本。一个企业家如果不相信自己的下属，时时处处都要对下属设防，那么，他有再多的精力，也会累死。尽管企业中总有少数人会因为法律观念淡薄或道德意识不足，做出一些对不住企业的事情，但这种人的危害毕竟是很小的。明智的企业家，应当相信大部分人是靠得住的，只要信任员工，让他们放开手干，总归是能赢利的。

　　曾经当选过大陆首富的盛大网络总裁陈天桥说："信任是成本最低的管理方式，比方说一个员工报销车票，如果我不信任他，我就要找会计审核什么的。但是如果我信任他的话，我就立刻给他报销，他就可以去干更多的活，效率更高，成本更低。"

信任才能高效

　　共事的双方，如果缺乏信任，那么基本上什么事情也做不成，就算是做成了，也会磕磕碰碰，很不愉快。信任来自于你真心实意地替客户着想，替客户出主意，解决他个人和公司的问题。这些做到了，你就在客户面前树立了自己的品牌——一个可信任的人。

　　共事的双方，如果缺乏信任，那么基本上什么事情也做不成，就算是做成了，也会磕磕碰碰，很不愉快。例如做销售的，就是要做人的工作，要和客户建立起互信的关系。销售工作的顺利程度，是和销售环节中各色各样的人物对你的信任程度成正比的。关系越铁，事情推进越顺畅。信任来自于你真心实意地替客户着想，替客户出主意，解决他个人和公司的问题。这些做到了，你就在客户面前树立了自己的品牌——一个可信任的人。以后不管卖什么，他都会深信不疑。和我合作过的一个销售员，深谙此道。在一个项目中，客户就觉得她提供的产品不好，就直接跟她说："你去找个更好的产品来，不行我就给你推荐一个产品，你去把他们搞定。"信任，让客户放心让这个销售员替他服务。

　　我在给一个企业做咨询时，与老板结成了朋友。这位企业家没有多少文化，但最大的长处就是能够得到员工的信任，很多年过去了，当年参与创业的原班人马一个不少，这种现象是我从事咨询行业几年来遇到过的第一家企业。听员工讲，当初创业时老板就是头号推销员。当时企业的产品没有声誉，经销商都不愿意接货，全凭老板的为人才打开了局面。老板对经销商极为信任，当初他的做法就是先发货后结算，到生产高峰时，有时经销商要一车货，他就发两车过去，甚至有时不等经销商要货，就把货先发过去。不要以为当初他很富有，事实是当初他连抵押带借款，总共资金才百十来万。

他的这种做法固然不可取，但在工作和生活中我们确实经常能够体会到信任的力量。如果我们信任某人，我们就会假定他诚实可靠，也会假定他不会利用我们的信任。信任是领导的本质，因为领导者不可能领导不信任自己的人。

一位作者这样总结信任与领导之间的关系："领导者的一部分工作是与员工一起工作，发现并解决问题。但是，到底是否能够获得解决问题必须的技能和创造性思维，取决于员工对他的信赖程度。彼此之间的信任会影响领导者能否获取技能和员工的合作。"

当员工信任领导者时，他们愿意服从领导者的行动，他们相信自己的权利和利益不会被践踏。人们不可能去跟随或尊敬某个他们认为不诚实或可能利用他们的人。例如，诚实一直被大多数人列为他们敬仰的领导者应具有的品质之首，是领导者品格的一个基本成分。

管理和领导有效性在现在比过去的任何时候都更依赖于获得追随者信任的能力。因为当今是一个变革的时代，人们依赖个人关系来指导行动，这些关系的质量在很大程度上取决于信任水平。另外，当代管理方法，如授权、工作团队等，也要求信任。

管理者怎样才能让员工信任自己呢？研究表明下列方法有助于建立起信任关系。

公开：不信任既来源于人们已知的东西，又来源于人们未知的东西。要保持组织内的信息畅通，使决策透明化。向员工解释你的原则，对问题要坦诚，充分披露相关信息。

公平：在作决策或采取行动前，要从客观公正的角度考虑他人会如何看待。在绩效评估时要客观、不偏不倚。报酬体系要体现公平感。

说出你的感受：如果管理者只谈论事实，会显得冷漠无情。如果同员工分享感受，他们就会认为你真实、有人情味。

讲真话：真话是诚实的固有部分。一旦你撒谎被发现，你获得和保持信任的能力就会大打折扣。人们一般更容忍得知他们不想听到的事情，而不能忍受管理者向他们撒谎。

行为一致：人们希望事物具有可预测性。如果不知道什么会发生，人们就容易萌生不信任感。让你的核心价值和信仰指导你的行动，这样就会提高行为的一致性，建立彼此之间的信任。

兑现承诺：人们相信你是可靠的，这也是信任的前提条件。因此，你需要信守承诺。

保密：人们信任那些言行谨慎的人。他们需要确定你不会泄露他们的秘密或同别人讨论他们的秘密。如果人们认为你会泄露个人机密，他们也不会认为你可靠。

信任是金

过度猜忌与防范，只能会事倍而功半，互相支持与理解，往往会事半而功倍。只有彻底信任，才能换取真诚，才能使每个人发挥其最大的主观能动性。

有一个年轻的军官，他在执行一项重要任务时一败涂地，但出乎所有人（包括他自己）意料，上校又给了他一项同样重要而危险的任务。这一次，他英勇而又出色地完成了任务，而且得到了奖赏。别人向他道贺时，他几乎生气地喊道："我还有别的选择吗？我辜负了他，而他却仍然信任我。"是啊，就是因为上级对他的信任，使他在后面的工作中，心存感激，竭尽全力。可见信任的力量是多么巨大呀，它可以在人的心中产生强大的精神动力，激发人的内在的潜能，勇往直前。因而，无论是办小事还是办大事，信任都是我们成事的基石。

过度猜忌与防范，只能会事倍而功半，互相支持与理解，往往会事半而功倍。只有彻底信任，才能换取真诚，才能使每个人发挥其最大的主观能动性。信任是人与人之间对品质、能力的充分肯定；信任是架设在人心的桥梁，是沟通心灵的纽带，是震荡情感之波的琴弦。信任别人的人，才会得到别人的信任。我们要以信任唤起信任，以信任来回报信任。对别人多一份信任多一份宽容，我们的世界不是会更美好吗？从"士为知己者死"到"你办事我放心"，从"用人不疑"到"疑人不用"，都

学会信任

learn to be trust

在强调着"信任是金"。信任不是一厢情愿，不是单方面的付出。

　　作为人与人之间沟通的一座桥，作为我们获得真情的通行证，信任需要人与人之间，都伸出自己诚恳的手，唯有如此，我们的身边才会响起友好的掌声。我们每个人都要互相信任对方，这样，每个人的心灵都会充满纯洁与自信，每个人的心里都会备感温馨与温暖，每个人的心灵才不会受伤，不会被伤害，不会留下深深的无法医治好的创伤，更不会留下抹也抹不去的烙印。

信任是开发员工潜能的钥匙

信任是打造和谐的基础，信任是开发员工潜能的钥匙，信任是企业创新的不竭动力源。

信任是打造和谐的基础，信任是开发员工潜能的钥匙，信任是企业创新的不竭动力源。

从各方面反馈来的信息得知，21世纪最稀缺的资源是快乐！为什么当今快乐地工作、生活成了困难？因为职场像战场，老板和员工很容易成为冤家对头。这一切要说复杂，因素自然很多，要说简单，就两个字——信任。

说到信任，管理者与员工心里都有苦水。管理者说，因为善良轻信，放松约束，企业掉进黑洞。员工说，因为像贼一样被防范，奴隶一样地被管束，凉了一腔热血，走进工厂大门就成了没有灵魂的机器，失去了鲜活劲。在诸多的失利与成功中，先觉的管理者终于明白了诚信是可以影响经济效益指数的新指标，认识到信任将是企业角力必须重视的软要素。

管理的要义或曰精髓之关键就在于建立企业内外部关系，关系的本质是信任度。要建设和谐企业，必须解决信任不足的问题。解决的关键有以下两点：

首先确立正确的信念与追求，坚持双赢原则。正确的信念与追求是建立信任的基石。在管理实践中，管理者希望员工老实听话，守规矩，以便管理，为企业创造更好的效益；员工则希望从事的工作能有较大的自由度，以更好地发挥自身的潜能，实现更大的人生价值，取得更多的酬劳，让自己和家人生活得更好些。照理说，两方面的希望都是不错的，而且是积极的，若能很好地融合，企业自然就会拥有不竭的发展潜能。现实中之所以发生融合不好的事，就是因为管理者与员工之间缺乏信任。管理者总以为自己比员工高明，掌握着企业话语权的他们，一切都由自己说了算，时时处处将员工置于被管理的位置，让他们干啥，怎么干，干到啥程度，都被科学地细化到了极致，并用法一样的规章固定下来，紧跟着就是极严厉的检查考核。他们把管理简化为定规章，照章考核与处罚。当然，建立严格的规章制度，科学地量化工作标准，并按章认真进行考核，处罚个别违规者，这些都不错。管理不能没有制度，但也不能只靠制度，再出色的制度，也会有漏洞。制度是死的，人是活的，只靠制度，肯定也是管不好企业的。因为任何时候违规者都是个别的，是极少数。如果我们只用管理少数人的办法来管理大多数人，总在他们的后面指手画脚，说东道西，这种行为本身就是对多数人的不信任，必将导致多数人对你失信，他们就会联合起来设法逃避你的管理。管理者常要求员工要敬业，而员工首先要问这个业有无可敬之处，也就是是否能给他们带来所期望得到的东西，包括被人信任、成就一定的业绩、实现人生价值和获得较丰厚的物质利益等。能，他们才会敬，即使你不要求，他们也会努力去敬的。企业追求未来可持续发展，追求基业常青；企业家追求利润，员工追求多赚工资。在共同的追求中，必须坚持双赢原则，把员工的贡献测量出来，承认他们的产出，给予合理的工资、奖金等报酬。这样员工才能信任企业，企业以信任为基础，形成一个良性循环。

其次是平等互信，给员工多一点的包容与爱。信任是双向的，能不能建立起信任，关键在管理者，因为管理者与被管理者之间是矛盾的，管理者是矛盾的主要方面。要员工信任你，首先你要信任员工。如果作为企业管理者的你对员工不信任，员工凭什么信任你。知，首先是了解，由了解而信任，彼此间有了真诚的了解与信任，对你倡导的事业，员工才会有"虽肝脑涂地也在所不惜"的壮行。当我们需要装备三头六臂、铜牙铁齿，才能适应职场时，情感诉求恰恰成为团队凝聚的催化剂，人心向背在于是否给予欣赏、包容和爱，员工潜能的释放在于收到多少激励、关怀、挑战。人心有时候也是最容易满足的，一句贴心的话，一张温暖的笑靥，一个会心的眼神，一声真诚的问候，一个良善的祝福，就能让他们放下所有的烦恼，快乐地投入工作。我们强调凝聚力，凝聚力从何而来，根本是信任与否。信任已成为企业真心留人的软武器，会影响到企业的存亡。给员工一点阳光，让他们灿烂吧。

信任

是用人的第一标准

信任才能寻到得力替手

信任是用人的第一标准

胸有大略，用人不疑

用人不疑的智谋

用人理念上的创新

信任才能寻到得力替手

　　一切信任都是建立在监控基础之上的，没有监控就谈不上信任，没有信任就谈不上授权。没有完全的监控就没有完全的信任，没有完全的信任就谈不上完全的授权。"用人不疑"说的是完全的授权。

　　纵观历史，君臣间互相猜忌是主线，肝胆相照是特例。

　　金圣叹评论青面兽杨志押运生辰纲被劫时认为，主要原因是杨志受老都管的制约太多，不能做到要停则停，要行则行。老都管说白了就是梁中书派出的监工，说话有影响力；不似那些挑夫，杨志可以开口就骂，举手就打。黄泥岗上，杨志不让休息，不让喝酒，最终拗不过以老都管为代表的绝大多数人的意见，着了吴学究的道，"倒了，倒了"。

　　金圣叹夺他人的酒杯浇自己胸中的块垒，感慨大德大才之士皆不能遇到疑人不用，用人不疑的领导。太多的防范，太多的牵制，常使英雄"出师未捷身先死"。乐毅攻打齐国，最后两个城市始终攻不下，谣言四起，燕昭王一死，只能辞官以避祸，留下"臣闻古之君子，交绝不出恶声，忠臣之去也，不洁其名"的名句。刘备与孔明的故事能流传千古，为人津津乐道，恰恰从另一面说明这样的关系可遇不可求。太史公曰："《春秋》之中，弑君三十六，亡国五十二，诸侯奔走不得保其社稷者不可胜数。"

　　鲁迅先生希望他的文章能够速朽，因为他批评的社会现象消失了，他的文章自然就没有存在的价值。疑人不用，用人不疑这句话，流传千年仍然有生命力，在日常的管理争论中被频繁引用，就表明这八个字在日常管理中往往做不到。

一切信任都是建立在监控基础之上的，没有监控就谈不上信任，没有信任就谈不上授权。没有完全的监控就没有完全的信任，没有完全的信任就谈不上完全的授权。"用人不疑"说的是完全的授权。

授权是管理的重要内容，许多人将授权理解为一门艺术，在政治上大概是对的。在管理中我更愿意将授权理解为一种方法，即在企业中建立科学的监控方法。监控有三层含义：第一，必须监控；第二，监控不是监控者代替被监控者做事；第三，现代科学管理提供了以财务数据分析为主线的监控方法，监控者与被监控者都必须掌握这个方法。

"疑人不用，用人不疑"这句话，被监控者经常挂在嘴边，以此作为逃避监控的理论依据，你去查他的账他不高兴，你找他手下谈话了解情况，他不高兴。一个部门就是一个山头，部门工作做得好，你依赖他，部门工作做得不好，你更得依赖他，因为只有他，才能搞得定。

一般来讲，你去监控，你就要比被监控者更了解该部门的工作以及数据搜集和分析的方法，不下点苦功是不容易掌握的。

所用的人你没本事去监控，所疑的人你也不可能有本事不用。这是一对辩证的关系。你不能有效地判断下属的工作能力与工作忠诚，那就满眼皆是可疑的人。于是老谋深算的领导者显示政治手腕的时候到了；这时候也是公司内部口号盛行、拍胸脯盛行的时候，管理问题就上升为政治问题。管理明明是个方法问题，偏偏讨论出管理是个艺术问题，更流行的说法是管理是科学与艺术的综合。

金圣叹叹得有理，杨志们活得还是无奈。

难道就没有一点例外？在这种情况下可能有。曾国藩说："做大事以多寻替手为第一要义。"当你管理一个公司、一个部门得心应手时，还有更大的事业在等着你，于是你寻到了得力的人手。因为你对原岗位的理解深刻，你对接任者的监控，实有而形无，这时候你才可以唱唱高调。

写这种辩证关系的题目，我最后约定一个前提条件：上述观点皆从我有限的个人阅历而来，高人雅士或别有意境，非我所能望其项背。

信任是用人的第一标准

用人不疑，充分发挥人才的聪明才智，更是每一位领导者成就一番事业的重要保证。

《三国志·魏书·郭嘉传》裴松之注引《傅子》："用人无疑，唯才所宜。"

宋代欧阳修《论任人之体不可疑札子》："任人之道，要在不疑。宁可艰于择人，不可轻任而不信。"

在封建社会里，明君与昏君的一个重要区别就在于用人。明君用人不疑，使谋臣忠于内，将帅战于外，尽心竭力，报效朝廷。

现代社会，用人不疑，充分发挥人才的聪明才智，更是每一位领导者成就一番事业的重要保证。

据《尼克松回忆录》记载，基辛格原本是洛克菲勒的密友，在洛克菲勒与尼克松两次竞争共和党总统候选人提名的角逐中，基辛格都是全力支持洛克菲勒，公开反对尼克松的。

可是尼克松当选总统后，不计前嫌，仍然委以重任，聘用基辛格为权势炙手的国家安全事务助理。基辛格成为尼克松外交决策的高级智囊。

在现代企业中，人才是塑造企业品牌的核心资源，因此，在管理模式上，出现了由"以物为中心"向"以人为中心"的转变，人才竞争也因此成为了企业竞争的重要内容。

人事管理是与"以物为中心"管理相对应的概念，它要求理解人、尊重人、充分发挥人的主动性和积极性。这是每一位企业决策者都应当明白的道理。

　　企业在用人方面有许多做法，但要使人才充分发挥自己的聪明才智，信任是最为重要的。有位大企业的老总在谈到用人时说："信任是我用人的第一标准。"这句话很有见地。用人不疑，疑人不用。既然你选择了他，便不应怀疑，不应处处不放心。既然你怀疑他，你便不要用他好了。用而怀疑，实际上是最失策的。

　　松下幸之助对此颇有见解。他认为，任用某个人，只有充分信任他的时候，他才会一心一意为企业卖命。

　　而索尼公司的创始人盛田昭夫更绝，为了表示自己对人才的信任，他将所录用的人的人事档案烧掉，只看行动，不问过去如何。

　　英雄不问出处，只看眼前表现。信任是用人的第一标准。这是众多成功企业的经验之谈。

胸有大略，用人不疑

用人不疑，唯才是用，不避亲疏。人有好恶、有亲疏远近是情理之中的事情，但作为一个领导者来说，在用人观念上又必须摆脱亲疏远近的束缚。只要是有才能、有可用的方面，内不避亲、外不避仇当是应取的态度。

用人不疑，唯才是用，不避亲疏。人有好恶、有亲疏远近是情理之中的事情，但作为一个领导者来说，在用人观念上又必须摆脱亲疏远近的束缚。只要是有才能、有可用的方面，内不避亲、外不避仇当是应取的态度。

康熙二十二年(1683年)六月，施琅奉命率水师两万余人，战船两百余艘，自铜山（今福建东山）出发，进击台、澎，经过几天奋战，大败澎湖守军。郑军主力悉数被歼，军心涣散，已无战斗之力。施琅占据澎湖，居高临下，对郑军实行招抚。郑克见大势已去，遂同意归附清廷。台湾和祖国大陆的统一在清初是一件大事，施琅立了大功。康熙把台湾的归附看成是施琅为清朝"扫数十年不庭之巨寇，扩数千里未辟之遐封。"他在施琅封侯的"制诰"中称赞他"矢心报国，大展壮猷，筹划周详，布置允当，建兹伟伐，宜沛殊恩。"从有关史实来看，在平台问题上，康熙帝对施琅的保护和支持显得非常重要，由此也展现了一代明君高瞻远瞩的战略眼光。

第一，任施琅为内大臣贬中有褒。正当施琅雄心勃勃希望以武力征服台湾时，康熙却下令撤水师召施琅入京任内大臣，不再议武力征台。康熙这样做，主要是迫于形势，而不是对施琅一意罢贬。因为主抚派在当时占了上风，部分朝臣对施琅不信任，对施琅的不利因素比较多：他不仅是明郑的降将，而且在1664年前后两次率兵征台未果，损失兵丁。当时清统治集团对明郑降将又多不信任，曾下令把这些降清士兵官员迁往内地各省安插，对施琅当然也不可能例外。这种不信任当然也包括康熙在内。当李光地向他推荐施琅为水师提督时，康熙问李光地："汝能保其无他乎？"施琅本人认为平台是闽海第一要务，而且必须以剿逼和，是一个坚决的主剿派，他当然不会轻易放弃自己的主张。1667年施琅上《边患宜靖疏》，说他经过调查，认为郑氏并无"归诚实意"，再次提出出兵征台。在朝野主抚派一片反对声中，康熙任命施琅为内大臣，并撤福建水师，不再议征台之事。表面上看，停议征台，对施琅是贬，但实际上施琅从福建水师提督调任从一品的内大臣则贬中有褒。

第二，再次起用施琅，表现出康熙的雄才大略。1681年，清、郑双方都发生了历史性的转折事件。这一年郑经去世，郑克继位，郑氏集团内部矛盾激化；而清方在这一年最后平定了"三藩之乱"，能够腾出手来考虑平台的问题。这是施琅复出的契机。康熙深知平台不是一件易事，早在康熙十七年（1678年）他就要姚启圣等遴选福建水师提督，条件是"非才略优长，谙练军事不可"。据《清史稿》所记，康熙曾先后两次就福建水师提督人选事征求过李光地的意见。在李光地的力荐下，几乎没有经过太多周折，康熙便谕命施琅为福建水师提督，加太子少保。认为如果不派遣施琅去，台湾就不能平定。

第三，破例同意施琅专征，显现出康熙帝用人不疑的宽广胸怀。历史上许多战例，不是失在敌强我弱，而是失在将领之间互相掣肘，贻误战机。施琅一到厦门，立即上书要求专征台湾，即军事指挥由他独自决策。在其意见被否决后，他又执意坚持，再次上书。康熙帝虽然认为人臣不该有这样的"妄奏"，但他还是网开一面，把施琅的意见交大臣讨论，大学士明珠赞成施琅的意见。有了明珠的附和，康熙帝立即批准"专征"，施琅大受鼓舞。由于康熙的支持，施琅在攻占澎湖、招抚台湾时，进展便比较顺利。施琅不但军事指挥得当，而且招抚郑氏集团时，采取的策略也十分高明，他能顾全大局，以国家利益为重，没有掺进半点报私仇的杂念，尽可能地团结了郑氏集团。

用人不疑的智谋

用人不疑，成就大事。

战国时，有一次秦军借道韩、魏以攻齐国。齐威王派将军匡章率兵迎战，两军交错扎营。开战之前，双方使者来来往往。匡章借机变更了部分齐军的徽章，混杂到秦军中待机配合齐国的主攻部队破敌。齐威王派往前线的人探不明匡章的用意，悄悄向威王打小报告说："匡章可能要带兵降秦。"威王听了置之不理。过了不久，又有前线回来的人向威王报告说："匡章可能降秦。"威王仍不理睬。

朝廷众大臣见此情景向齐威王请求道：大家都对匡章的不良行为颇有微词，君王为何不派人替换他？"威王胸有成竹地说："这个人不会背叛我的。"果然，时过不久，从前线传来了齐军大胜的捷报。左右很吃惊，询问威王何以有此先见之明。威王告诉他们，从匡章的日常表现便可推断出。

原来，匡章的母亲在世时，得罪了匡章的父亲，被他父亲杀死埋于马栈下。威王任匡章为将时，其父已死。威王曾特许他打了胜仗之后，就为其母更葬，但为匡章所谢绝，理由是：父亲生前未作此吩咐。这使威王对匡章的为人有了较深的了解，所以，尽管前线送来情报说匡章可能降秦，但威王都没有相信，坚持放手让匡章指挥作战，终于保住了这次抗秦斗争的胜利。

匡章本人回朝知道了此事，十分感动，誓死效忠，为齐国屡建战功。

用人理念上的创新

怎么用人，怎么管理人，怎么面对人，关系到一个企业的生死存亡。

企业在成长与发展的过程中，面临着各种各样的风险，而选人和用人就是企业的主要风险之一，如何正确地招聘、选拔和使用人才，是摆在企业面前的头等大事，也是企业在组建和创立过程中的重中之重，是企业成败的关键。

过去"用人不疑，疑人不用"的观点，实际上是一种很封建的、与现代经济社会相脱节的用人观。对于人才，我们要采取疑人要用，用人也要疑的态度。正如 GE 等世界 500 强企业考核干部一样，觉得值得信赖而又有培养前途的干部，人力资源部门才去了解、调查、监督与考核。如果不去了解你、调查你、考核你，那么，你被提拔的可能性就很小。

疑不是无目的的乱猜测、瞎怀疑，而是有目的地去了解、观察、检验、监督和考评。用人要疑，就是在使用人才的时候，本着对企业对人才负责的态度，在大脑中多打几个问号，要细致耐心地、程序化地去了解他的过去，这不是研究他个人如何，而是考证他做过的工作、他的历史，因为历史是最能够证明现实的；疑人要用，就是在其人格、能力不确定的情况下，本着保护人才、爱惜人才的目的，观察他，大胆选拔和使用他，不至于造成埋没人才和浪费人才的现象。过去我们选拔和使用人才，只局限在对其本人的感官印象上，只听一面之词，只听他谈想法、讲理论，就是不知道他能不能做。在不确定他工作能力的情况下，我们就使用了他，这是对人才严重的不负责任。

怎么用人，怎么管理人，怎么面对人，关系到一个企业的生死存亡。如果我们用人不当，就很可能导致一个企业的突然死亡。

人才的职位不同要求标准也不相同。高级管理人员对企业要有认同感，中级管理人员既要有责任心又要有进取心，一般员工必须有责任心。企业衡量员工有两把尺子，一把尺子是最终结果，只有先做出成绩，干出实际成果，公司才可能与其签约或提拔；另一把尺子是他人对你的评价，一个不能融入团队组织的人，本事再高也是没有用的。企业提倡交流，提倡个性化，给每个人一定的发展空间，但如果威胁到企业的价值体系时就要忍痛割爱，无论这个人多么优秀。

在企业与人才的关系中，企业承担的风险是最大的，企业倒闭了，一切都将不复存在，而人才的损失最小，又可以到别的企业去打工。

坦诚地讲，没有哪个企业能做到"用人不疑，疑人不用"，也没有哪个企业的股东们会绝对相信哪一个人。否则，大多数企业里设立监察审计部门干什么？成立考评委员会干什么？如果企业一切都相信你，那无疑是一场赌博，那就是在下赌注，你的职位越高，越重用你，企业下的赌注就越大。

任何人都是不能轻易相信的，企业只能相信他所做的事，有些人口若悬河地大讲一通，结果什么事也没有做，就想得到企业的相信，那是办不到的。这也就是说决策与调研的前期成本越高，后期运作的成本就越低。

企业要大力提倡不相信其人，只相信其事的做法，不但要观其言，还要看其行，只要是有才华的人，即使是"疑也要用"，而"用的同时又要保持"疑。疑并不等于不相信人，客观的、相对的疑恰恰是最现实的信任，这也是对人才的爱护。企业的信任是一点一点给的，这要看一个人的表现，表现了多少，企业就给多少。不要奢望企业一下子就相信一个人，这样反而是企业危机的开始。如果一个人想被企业重用，就要有被了解、被观察以及被考核的准备。企业要不断地考验一个人，因为员工的工作能力和忠诚度是考验出来的，不是听一个人嘴上说的，这就是企业的用人理念——用人要疑，疑人要用。

在用人方面，必须做到大胆与审慎并重。只要其大节不亏，就不能因玉中有瑕而将其打入冷宫。要容人之长，容人之短，容人之错，并让那些有晋升资格的人尝试临时性提升，给尝试提升的人一段预备期，从中可以看出他在真实情况下怎样工作。确有创新精神和突出业绩的人才，企业也要破格提拔使用。

用人要疑，疑人要用，是企业在用人理念上的创新，假如再沿用原有的思维去选拔和使用人才，那将会给企业带来很大的风险和危机，正如企业新产品的选项，即使事前遴选的成本大一些，企业也要把事后的风险降到最低限度。